"Sheri Van Dijk nos apresenta um guia encantador e imperdível, repleto de informações importantes para profissionais que trabalham com adolescentes. Ao longo do texto, encontram-se instruções práticas e concretas, passo a passo, que desmistificam a experiência emocional dos jovens e oferecem ferramentas úteis. Os numerosos exemplos da vida real validam a experiência humana e ilustram como implementar intervenções para reduzir emoções dolorosas, o que certamente ressoará tanto com clientes quanto com profissionais."

—Ita Tobis, MSW, RSW,
diretora de programação de *campus* da JACS Toronto

"*Não deixe as emoções comandarem sua vida* é um guia claro, conciso e útil para jovens, oferecendo ferramentas para lidar com emoções e pensamentos negativos. Ao longo deste livro, você encontrará atividades e técnicas que o ajudarão a recuperar o controle sobre seus pensamentos. Sheri Van Dijk conseguiu novamente! Este material oferece aos nossos adolescentes a oportunidade de praticar suas habilidades mais necessárias em áreas como autoconsciência, comunicação eficaz e relacionamentos saudáveis."

—Stephen Cruickshank, CYC (Cert),
assistente de crianças e jovens em serviços ambulatoriais agudos do Royal Victoria Regional Health Centre e conselheiro para saúde mental infantil e adolescente do Southlake Regional Health Centre

"Com uma abordagem compassiva de validação, desafio e aceitação, Van Dijk desenvolveu um guia repleto de conceitos relevantes, perspicazes e claramente ilustrados para auxiliar adolescentes a lidar com emoções intensas. O questionamento contínuo e instigante, mas gentil, garante a compreensão do leitor. Ao incluir exercícios de desenvolvimento de habilidades e atividades que visam pensamentos, emoções e comportamentos, Van Dijk criou uma experiência maravilhosa, acessível e concreta para adolescentes."

—Janice LeBlanc,
psicoterapeuta registrada, arteterapeuta registrada e profissional certificada em trauma e resiliência

"O novo livro de Sheri ensina aos adolescentes formas saudáveis de nomear suas emoções e habilidades para superar momentos de sofrimento emocional em suas experiências cotidianas. Achei ótimo que o livro pode ser usado seção por seção ou um exercício de cada vez. As histórias pessoais compartilhadas são muito relevantes para o ambiente social atual vivenciado pelos jovens, e os exercícios práticos são fáceis de seguir."

—Kinsey Lewis,
psicoterapeuta registrada com mais de 25 anos de experiência
em saúde mental comunitária, com foco especial em
jovens em transição para a vida adulta (16-24 anos)

"Sheri Van Dijk é especialista em terapia comportamental dialética (DBT), e a segunda edição de *Não deixe as emoções comandarem sua vida* é mais uma ferramenta significativa para ajudar os jovens a lidar com os altos e baixos emocionais tanto da adolescência comum quanto de situações mais críticas. Van Dijk ensina habilidades eficazes em linguagem e cenários relacionáveis aos adolescentes, de modo que os leitores não se percam nem se sintam intimidados por jargões profissionais. Um excelente recurso!"

—Lisa M. Schab, LCSW,
psicoterapeuta e autora de 18 livros voltados a pacientes,
incluindo os diários para adolescentes
Put Your Worries Here e *Put Your Feelings Here*

"*Não deixe as emoções comandarem sua vida* tem sido meu principal recurso para guiar os jovens na exploração respeitosa e curiosa de suas emoções, suas percepções e do valor de aprender a 'encontrar o meio-termo'. As habilidades da DBT e os exercícios são apresentados com clareza e relevância excepcionais, tornando o trabalho terapêutico envolvente e informativo. Um recurso valioso para navegar pelo maravilhoso labirinto de nossas vidas. Recomendado para uso doméstico, clínico ou pessoal."

—Mitchell E. Beube, MSW, RSW,
terapeuta infantil, familiar, individual e de grupo em DBT

Elogios à 1ª edição

"*Não deixe as emoções comandarem sua vida* examina diversas áreas nas quais os jovens (e, consequentemente, os pais) enfrentam dificuldades. Sheri Van Dijk apresenta ferramentas concretas para lidar com turbulências emocionais, emoções voláteis e relacionamentos difíceis. Os exercícios incluídos em cada capítulo auxiliarão os adolescentes, oferecendo-lhes opções para lidar com suas emoções. Tendo criado três adolescentes, acredito firmemente que essas habilidades deveriam ser ensinadas nas escolas como parte do currículo!"

—Kathy Christie, ADR,
gestora de casos de saúde mental da York Support Services Network
em Newmarket, ON, Canadá

"Van Dijk escreveu um guia que qualquer adolescente que esteja enfrentando dificuldades com emoções achará muito útil. Usando linguagem clara e concisa, este livro oferece exercícios que aumentam a consciência, bem como uma ajuda prática para reconhecer, organizar e mudar a forma como as emoções dolorosas podem ser tratadas. Achei este livro útil e fácil de ler, e o recomendarei aos meus pacientes adolescentes."

—Mark R. Katz, MD, FRCOP(C),
psiquiatra do Southlake Regional Health Centre
e professor assistente da University of Toronto

"Recomendo fortemente este guia bem escrito e acessível, elaborado especialmente para adolescentes. Ele fornece ferramentas fáceis de usar para controlar emoções indisciplinadas e acalmar pensamentos descontrolados. Seguindo as sugestões deste livro, os adolescentes se sentirão mais capazes de controlar seus humores, terão relacionamentos mais harmoniosos, ganharão confiança e viverão vidas mais felizes."

—Linda Jeffery, RN,
terapeuta cognitivo-comportamental em clínica particular
em Newmarket, ON, Canadá

"As emoções são geralmente subestimadas na sociedade ocidental. Muitos de nós recebemos mensagens negativas sobre emoções e passamos a experimentá-las como inúteis, problemáticas ou perigosas. No entanto, as emoções são motivadoras poderosas e fontes válidas de conhecimento. Van Dijk aborda essas e outras questões importantes neste livro, apresentando informações sobre uma variedade de questões emocionais de maneira acessível. Também inclui atividades que ajudarão a aprofundar a compreensão e a integração do material pelo leitor."

—Karma Guindon, MSW, RSW, RMFT

"Fortemente recomendado para adolescentes cujos humores interferem em sua capacidade de aproveitar a vida e os relacionamentos. Van Dijk mostra as habilidades da DBT propostas por Linehan de maneira acessível e fácil de entender, primeiro descrevendo por que essas habilidades podem ser úteis e, em seguida, apresentando exercícios que dão ao leitor a oportunidade de praticá-las."

—Marilyn Becker, MSW, RSW,
supervisora clínica dos Serviços de Dependência da Região de York

Não deixe as emoções comandarem sua vida

FBTC
Federação Brasileira de Terapias Cognitivas

artmed

A Artmed é a editora oficial da FBTC

D575n Dijk, Sheri Van.
Não deixe as emoções comandarem sua vida : habilidades de DBT para adolescentes - como lidar com mudanças de humor, controlar explosões de raiva e se relacionar melhor / Sheri Van Dijk ; tradução: Marcos Vinícius Martim da Silva; revisão técnica: Vinicius Guimarães Dornelles. – 2. ed. – Porto Alegre : Artmed, 2025.
x, 174 p. ; 25 cm.

ISBN 978-65-5882-286-8

1. Raiva. 2. Emoções. 3. Adolescentes. 4. Psicologia. 5. Terapia cognitivo-comportamental. I. Título.

CDU 616.89-008.441

Catalogação na publicação: Karin Lorien Menoncin – CRB 10/2147

Sheri Van **Dijk**

Não deixe as emoções comandarem sua vida

habilidades de DBT para adolescentes *– como lidar com mudanças de humor, controlar explosões de raiva e se relacionar melhor*

2ª edição

Tradução
Marcos Vinícius Martim da Silva

Revisão técnica
Vinicius Guimarães Dornelles
Psicólogo. Mestre em Psicologia: Cognição Humana pela Pontifícia Universidade Católica do Rio Grande do Sul (PUCRS). Primeiro e único treinador de Terapia Comportamental Dialética oficialmente reconhecido pelo Behavioral Tech nativo de língua portuguesa. Dialectical Behavior Therapy: Intensive Training (Behavioral Tech e The Linehan Institute, Estados Unidos). Formacion en Terapia Dialectico Conductual (Universidad de Luján, Argentina). Formação em tratamentos baseados em evidência para o transtorno da personalidade borderline *(Fundación Foro, Argentina). Especialização em terapias cognitivo-comportamentais (WP), coordenador local do Dialectical Behavior Therapy: Intensive Training Brazil e sócio-diretor da DBT Brasil.*

artmed

Porto Alegre
2025

Obra originalmente publicada sob o título *Dont Let Your Emotions Run Your Life for Teens: Dialectical Behavior Therapy Skills for Helping You Manage Mood Swings, Control Angry Outbursts, and Get Along with Others*, 2nd Edition
ISBN 9781684037360

Instant Help Books
A Division of New Harbinger Publications, Inc.
5674 Shattuck Avenue
Oakland, CA 94609
www.newharbinger.com

Gerente editorial
Alberto Schwanke

Coordenadora editorial
Cláudia Bittencourt

Capa
Paola Manica | Brand&Book

Preparação de originais
Francelle Machado Viegas

Leitura final
Caroline Castilhos Melo

Editoração
AGE – Assessoria Gráfica Editorial Ltda.

Rua Ernesto Alves, 150 – Bairro Floresta
90220-190 – Porto Alegre – RS
Fone: (51) 3027-7000

SAC 0800 703 3444 – www.grupoa.com.br

IMPRESSO NO BRASIL
PRINTED IN BRAZIL

Autora

Sheri Van Dijk, MSW, é psicoterapeuta e renomada especialista em terapia comportamental dialética (DBT). É autora de vários livros, incluindo *Don't Let Your Emotions Run Your Life for Teens* e *Calming the Emotional Storm*, e fala extensivamente sobre este tema no Canadá, nos Estados Unidos e em outros países. Seus livros focam no uso de habilidades da DBT para ajudar as pessoas a gerenciar suas emoções e a cultivar um bem-estar duradouro. Van Dijk é vencedora do Prêmio R.O. Jones da Canadian Psychiatric Association.

Dedico este livro aos meus clientes: sua coragem é inspiradora e acompanhá-los em sua jornada é uma honra.

E, como sempre, à minha família: obrigada por seu amor, apoio e encorajamento.

Sumário

Introdução

Algo neste livro chamou sua atenção — talvez você tenha se sentido triste com frequência ultimamente; talvez esteja percebendo que tem reagido de forma ríspida com pessoas importantes para você; ou talvez tenha notado que, recentemente, tem sentido mais ansiedade ou nervosismo. Independentemente das questões emocionais que esteja enfrentando, este livro pode ajudar. O objetivo principal desta obra é auxiliá-lo a aprender a gerenciar suas emoções, para que elas não o dominem e o façam agir de maneira que você possa se arrepender depois.

Mas o que significa gerenciar suas emoções? Todos nós temos emoções; elas são uma parte necessária de ser humano, e não gostaríamos de nos livrar delas mesmo se pudéssemos. Aprender a gerenciar suas emoções significa tornar-se mais consciente delas e descobrir o que fazer com elas, de modo que você não machuque a si mesmo ou outras pessoas por causa do que sente. Significa aprender a lidar com suas emoções, mesmo quando dolorosas, ao invés de tentar evitá-las.

Pense em como você lida com suas emoções agora. Você se permite senti-las ou luta contra elas? Você as evita? Bebe ou usa drogas para tentar escapar delas? Agride pessoas importantes para você porque está sofrendo e não sabe mais o que fazer para se sentir melhor? Ou talvez usa o humor para tentar se esconder de seus sentimentos e impedir que os outros vejam que você está realmente sofrendo por dentro.

Quaisquer que sejam as técnicas que você esteja usando para tentar não sentir suas emoções ou para lidar com o que está sentindo, provavelmente não estão funcionando, ou você não estaria olhando este guia. Este livro ensinará as habilidades necessárias para gerenciar suas emoções de maneira saudável. Quando você conseguir fazer isso, verá que se sentirá melhor consigo mesmo e que seus relacionamentos fluirão com mais tranquilidade. Você será capaz de viver uma vida mais saudável e equilibrada, em que suas emoções não estejam mais no controle. Além das habilidades encontradas neste guia, há materiais disponíveis para *download* na página do livro em loja.grupoa.com.br.

A terapia comportamental dialética (DBT) é um tratamento criado pela Dra. Marsha Linehan (1993),* psicóloga em Seattle, no Estado de Washington, Estados Unidos. Ela desenvolveu essa terapia para ajudar pessoas que tinham muita dificuldade em regular suas emoções (também conhecido como *desregulação emocional*). Frequentemente, pessoas com esse tipo de problema emocional acabam machucando-se fisicamente ou, no mínimo, fazendo coisas que efetivamente lhes causam mais problemas — como usar drogas ou álcool, furtar lojas, apostar ou ter relações sexuais desprotegidas e com múltiplos parceiros. Elas tendem a levar vidas caóticas porque suas emoções estão frequentemente fora de controle, o que pode levar a problemas em seus relacionamentos. Você pode ter notado algumas dessas consequências em sua própria vida, e que sua incapacidade de gerenciar suas emoções às vezes leva a problemas na escola, no trabalho e com a lei.

Este guia ensinará as habilidades da DBT necessárias para ajudá-lo a viver uma vida mais saudável e menos confusa. Essas habilidades estão separadas em quatro categorias. A primeira, habilidades de *mindfulness*, ajudará você a se conhecer melhor e a ter mais escolha sobre como responder às suas emoções e como agir nas situações. No segundo conjunto de habilidades, *regulação emocional*, você aprenderá informações importantes sobre suas emoções que o ajudarão a gerenciá-las melhor e a aumentar as emoções prazerosas em sua vida. As habilidades de *tolerância ao mal-estar* o ajudarão a passar por situações de crise sem piorá-las recorrendo a comportamentos problemáticos que possa ter usado no passado, como beber, evitar coisas ou ter ataques de raiva. O conjunto final de habilidades, *efetividade interpessoal*, ajudará você a desenvolver relacionamentos mais saudáveis com outras pessoas.

Então, antes de continuar lendo, observe-se mais atentamente e decida o que você acha que precisa mudar. A seguir, há uma lista de comportamentos organizados nos quatro conjuntos de habilidades da DBT. Marque cada uma das alternativas que se aplicam a você. Se você notar que fez mais marcações em determinadas seções, este será o conjunto de habilidades no qual deverá se concentrar especialmente ao trabalhar com este livro.

---

* Obra publicada no Brasil sob o título *Terapia cognitivo-comportamental para transtorno da personalidade borderline* (Artmed, 2010).

MINDFULNESS

- ☐ Frequentemente digo ou faço coisas sem pensar e depois me arrependo das minhas palavras ou ações.
- ☐ Costumo sentir que não sei realmente quem sou, do que gosto e do que não gosto, e quais são meus valores.
- ☐ Muitas vezes sigo as crenças e os valores dos outros para não me sentir diferente.
- ☐ Às vezes me sinto mal ou chateado sem saber exatamente o que estou sentindo ou por quê.
- ☐ Costumo julgar a mim mesmo ou outras pessoas de forma crítica.
- ☐ Frequentemente tento evitar coisas que me deixem desconfortável.
- ☐ Muitas vezes me pego dizendo coisas como "*Isso não deveria ter acontecido*", "*Não é justo*" ou "*Isso não está certo*".

REGULAÇÃO EMOCIONAL

- ☐ Tento evitar minhas emoções dormindo, festejando muito, mergulhando em *videogames* ou fazendo outras coisas que me afastem das minhas emoções.
- ☐ As emoções me assustam. Tento afastá-las ou me livrar delas de outras maneiras.
- ☐ Tenho a tendência de me fixar nas coisas de que não gosto na minha vida.
- ☐ Não sou muito ativo e não faço atividades de que gosto regularmente.
- ☐ Evito estabelecer metas de curto ou longo prazo para mim; por exemplo, evito pensar onde gostaria de estar em um ano, em dois anos ou em cinco anos.
- ☐ Frequentemente não tenho eventos ou situações futuras para aguardar com expectativa em minha vida.

TOLERÂNCIA AO MAL-ESTAR

- ☐ Regularmente me fixo em coisas dolorosas que aconteceram comigo.
- ☐ Frequentemente me encontro sentindo emoções dolorosas por pensar em coisas que aconteceram no passado ou que podem acontecer no futuro.
- ☐ Tenho tendência a ignorar minhas próprias necessidades; por exemplo, geralmente não tiro tempo para fazer coisas que são relaxantes, reconfortantes ou agradáveis para mim.

- ☐ Quando estou em crise, frequentemente pioro a situação fazendo coisas problemáticas como beber ou usar drogas, agredir outras pessoas que estão tentando ajudar, e assim por diante.
- ☐ Tenho tendência a perder amigos ou o apoio da minha família porque eles não gostam das coisas que faço para lidar com minhas emoções.

EFETIVIDADE INTERPESSOAL

- ☐ Sinto que dou ou recebo mais em meus relacionamentos, ao invés de ter um equilíbrio entre dar *e* receber.
- ☐ Frequentemente sinto que se aproveitam de mim em meus relacionamentos.
- ☐ Quando os relacionamentos não estão indo bem, tendo a terminar sem antes tentar resolver os problemas.
- ☐ Frequentemente tenho dificuldade em manter relacionamentos em minha vida.
- ☐ Tenho tendência a ser mais passivo na comunicação com os outros; por exemplo, não me defendo e sempre concordo com a outra pessoa.
- ☐ Tenho tendência a ser mais agressivo na comunicação com os outros; por exemplo, tento impor minha opinião à outra pessoa.
- ☐ Tenho tendência a me envolver em relacionamentos com pessoas que fazem coisas prejudiciais (como usar drogas ou beber muito, ou se envolver em muitos problemas com os pais ou até mesmo com a polícia) ou com pessoas que não me tratam bem ou que me intimidam.

Cada marcação indica uma área na qual você precisa trabalhar. Você também pode ter outras ideias sobre como gostaria de mudar sua vida. No espaço a seguir, escreva quaisquer ideias que tenha sobre o que mais gostaria de fazer de diferente em sua vida:

____

____

____

____

Agora que você tem algumas ideias sobre as coisas específicas que gostaria de melhorar em sua vida, vamos começar a olhar para algumas habilidades que podem ajudá-lo a chegar lá.

1

Mindfulness:
aprendendo autoconsciência

Mindfulness refere-se a viver sua vida de uma maneira que a maioria de nós não está acostumada. Trata-se de prestar muita atenção ao que você está fazendo no momento presente, percebendo quando sua atenção se desvia e trazendo-a de volta ao que você está fazendo. Também envolve aceitar, adotando uma postura não julgadora, o que quer que você perceba no momento presente, sejam os pensamentos que estiver tendo, as emoções que estiverem surgindo, as coisas que estiverem distraindo você ou qualquer outra coisa.

Você já notou como pode ser difícil se concentrar e como pode sentir-se frustrado, por exemplo, quando está tentando fazer sua lição de casa, mas seu ambiente está barulhento porque seu irmãozinho está correndo descontroladamente? Ou talvez você esteja tentando falar ao telefone com um amigo, e seus pais continuam interrompendo para perguntar sobre a escola ou se você fez suas tarefas? Distrações fazem parte da vida, mas às vezes elas tornam mais difícil realizar as tarefas e podem fazer você se sentir tão sobrecarregado que não consegue controlar suas emoções.

O *mindfulness* é uma habilidade útil de muitas maneiras. Ele pode ajudá-lo a se concentrar melhor; pode melhorar sua memória; pode ajudá-lo a se conhecer melhor à medida que se torna mais consciente do que está pensando e sentindo. O *mindfulness* pode ajudar a reduzir seu nível de estresse, melhorar sua saúde física e ajudá-lo a dormir melhor. Ele também é muito útil para problemas emocionais que as pessoas às vezes experimentam, como dificuldades com a ansiedade, com a raiva ou até com a depressão.

Neste guia, vamos nos concentrar em usar o *mindfulness* como uma habilidade para ajudar você a gerenciar suas emoções de maneira mais eficaz. O *mindfulness* pode lhe ajudar a gerenciar a si mesmo e a controlar melhor suas emoções, para que você possa escolher como agir em situações, em vez de apenas reagir.

MINDFULNESS E SEUS PENSAMENTOS

A ideia de que muitas vezes você não está ciente do que está pensando pode parecer estranha, mas considere isso por um minuto: alguém já lhe perguntou no que estava pensando e você percebeu que não tinha certeza? Você já notou, de repente, enquanto estava lendo um livro ou assistindo à televisão, que sua atenção se desviou e você não fazia ideia do que estava acontecendo no livro ou no programa de TV? O fato é que frequentemente não prestamos atenção ao que estamos pensando — geralmente deixamos nossas mentes vagarem para onde querem, sem prestar muita atenção a elas e sem tentar controlá-las. Isso pode causar problemas.

Imagine que você está sentado na sala de aula. Sua professora está falando, e você acha muito difícil se concentrar no que ela está dizendo. Então, em vez de tentar se concentrar, você deixa seus pensamentos vagarem e começa a pensar em com quem vai se sentar no almoço, na briga que teve ontem com seu melhor amigo ou no que vai fazer no fim de semana. Sua mente pula de uma coisa para outra. Talvez você se perca, por um tempo, em um devaneio sobre como será depois que se formar e não precisar mais assistir a essas aulas chatas, podendo sair, conseguir um emprego e viver por conta própria. Enquanto todos esses pensamentos estão acontecendo, enquanto sua mente está vagando de um lugar para outro e levando você junto, na maior parte do tempo você provavelmente não está muito ciente do que está pensando — sem mencionar o fato de que acabou de perder as instruções da professora para o próximo teste.

AS CONSEQUÊNCIAS DE NÃO ESTAR ATENTO

É assim que a maioria de nós vive grande parte da vida — com nossas mentes nos levando para onde querem. Nossas mentes tendem a nos controlar, em vez de ser o contrário. Elas saltam do passado para o futuro; depois podem voltar ao presente por um tempo antes de lançar, novamente, pensamentos sobre coisas diferentes do que estamos fazendo agora.

Pense por um momento sobre como isso afeta você. Se você está fazendo uma coisa, mas pensando em outra, o que acontece? Você pode conseguir pensar em alguns resultados possíveis: sua memória não é tão boa quando você não está totalmente focado no que está fazendo; ou você pode cometer mais erros quando não está pensando na tarefa em questão. Mas as consequências mais importantes, para o propósito deste guia, são as emocionais. Se você não está pensando no presente, deve estar pensando no passado ou no futuro. E quando está pensando no passado ou no futuro, você provavelmente não está pensando em coisas felizes — em vez disso, a tendência é pensar em coisas que desencadeiam emoções dolorosas. Pensando no passado, você pode perceber que começa a se sentir triste, irritado, envergonhado, e assim por diante, sobre coisas que aconteceram, coisas que você fez ou que outras pessoas fizeram a você. Da mesma forma, pensar no futuro tende a desencadear ansiedade. A *ansiedade* é aquela sensação de medo, preocupação intensa ou nervosismo que, muitas vezes, acompanha sensações físicas desconfortáveis. Por exemplo, você pode notar que fica com tremores ou com um "frio na barriga", ou que seu coração começa a acelerar ou palpitar, enquanto se preocupa que as coisas possam dar errado.

Viver no passado ou no futuro é o oposto de *mindfulness*. *Mindfulness* se trata de viver no momento presente, com consciência e aceitação — percebendo que as coisas estão bem como estão, agora, neste momento. Em outras palavras, trata-se de focar no que você está fazendo aqui e agora, não julgando o que está acontecendo, e trazendo sua atenção de volta quando seus pensamentos se desviarem do que você está fazendo no presente. Provavelmente isso parece bastante complicado, e definitivamente não é como a maioria de nós está acostumada a viver nossas vidas, então vamos olhar para um exemplo para ajudar a entender essa ideia.

A HISTÓRIA DE JACOB

Jacob foi convidado para uma festa na casa de um amigo. No início, ele ficou feliz por ter sido convidado e estava ansioso pela festa, mas, à medida que a festa se aproximava, Jacob começou a pensar em como poderia ser. Ele pensou na última vez que foi a uma festa; algumas pessoas lá zombaram dele, envergonhando-o na frente de seus amigos. Pensar nesses eventos passados deixou Jacob com raiva e lhe trouxe de volta a vergonha e o constrangimento. Isso também o fez começar a se preocupar que a próxima festa fosse como a última, e ele ficou ansioso em relação a ir.

Jacob foi à festa, mas o tempo todo estava preocupado que algo acontecesse como da última vez e que ele acabasse parecendo tolo novamente. Ele perdeu muito da diversão, porque estava tão preso pensando no passado e preocupado com o futuro que ficou muito distraído para aproveitar grande parte do que estava acontecendo no momento presente.

Viver no presente pode não ser maravilhoso e repleto de emoções felizes, mas pense desta forma: se você está vivendo o momento presente, precisa lidar apenas com o que está realmente acontecendo naquele instante. Se não estiver vivendo no presente, ainda terá que lidar com o que está acontecendo no momento atual, e, também, com as emoções desencadeadas pelos pensamentos sobre o passado ou o futuro. É como transitar entre três realidades ao mesmo tempo, o que pode ser exaustivo.

O *mindfulness* faz você perceber como está se sentindo, reconhecer isso e então se concentrar no que está acontecendo no momento. Se Jacob estivesse praticando *mindfulness* em relação à festa, poderia ter sido algo assim:

Jacob foi convidado para uma festa na casa de um amigo. No início, ficou feliz por ter sido convidado e estava empolgado pelo evento, mas à medida que a festa se aproximava, percebeu que estava começando a se preocupar com como ela seria. Notou que seus pensamentos voltavam constantemente para a última vez em que foi a uma festa, quando algumas pessoas zombaram dele, envergonhando-o na frente dos amigos. Jacob também percebeu que, sempre que começava a pensar nesses eventos passados, ficava constrangido, sentindo raiva e vergonha novamente. Isso também deixava ele preocupado que a próxima festa fosse como a última, deixando-o ansioso em relação a ir.

Consciente disso tudo, Jacob foi à festa e se concentrou em estar atento enquanto estava lá: vivendo o momento, com consciência e aceitação. Às vezes, começava a se preocupar que algo acontecesse como da última vez e que acabasse parecendo tolo novamente, mas assim que percebia a preocupação e os pensamentos decorrentes desse estado emocional, trazia-se de volta ao momento presente e se concentrava no que estava realmente acontecendo ali. Dizia a si mesmo: *"Percebo que estou me sentindo ansioso. Minhas mãos estão suadas e meu coração está acelerado"*. Então, respirava fundo e voltava sua atenção para o que estava acontecendo no presente: *"Não há nada de ruim acontecendo comigo agora. Estou aqui com meus amigos"*.

Jacob descobriu que realmente precisava se esforçar no início, mas, conforme a noite avançava, conseguia relaxar mais, passando menos tempo tendo que se concentrar em seus pensamentos dispersos e mais tempo se divertindo.

O *mindfulness* pode ser muito útil de várias maneiras, mas também é bastante difícil de praticar, especialmente quando você começa. Você pode ter notado na história de Jacob que ele estava trabalhando para estar ciente de seus pensamentos e de sua experiência presente. A maioria de nós não está acostumada a ser tão consciente, e isso pode exigir muito esforço. Para ajudá-lo nisso, você praticará diferentes exercícios de *mindfulness* ao longo deste livro. O exercício a seguir o ajudará a começar a pensar em como o *mindfulness* pode ser útil em sua vida.

1 Quão consciente você está de seus pensamentos?

É importante que você reflita sobre seus padrões ou hábitos atuais, para então pensar no que precisa mudar. Nos próximos dias, procure observar para onde seus pensamentos costumam divagar: você pensa muito sobre o passado? Frequentemente se pega vivendo no futuro? Há certos temas aos quais sua mente retorna constantemente? Escreva aqui o que você notar:

Você percebeu se seus pensamentos tendem a vagar mais em certas situações ou quando está fazendo determinadas coisas? Em caso afirmativo, em quais situações ou atividades sua mente tende a divagar?

Quando seus pensamentos se afastam do momento presente, quais emoções costumam surgir para você? Anote aqui qualquer coisa que tenha observado:

2 Como pensamentos desatentos podem desencadear emoções dolorosas

Leia as histórias a seguir. Tendo em mente que viver no passado ou no futuro provavelmente desencadeará mais emoções dolorosas, tente identificar se a pessoa em cada história está sendo atenta (ou seja, focada no momento presente com aceitação) ou desatenta (não focada no presente; possivelmente julgando a situação). Circule a palavra que parecer mais precisa. Você encontrará uma lista de respostas no final do livro.

1. Stacey conversava com sua amiga sobre um problema que estava tendo com seus pais. Quando terminou de contar a história, com a qual estava bastante irritada, sua amiga disse que achava que Stacey estava sendo tola e deveria simplesmente superar isso, que muitas outras pessoas tinham problemas maiores que os dela. Stacey ficou atônita e pensou: *"Não acredito que ela acabou de dizer isso. Estou me sentindo realmente magoada e com raiva agora. Estou com vontade de dizer algo realmente ofensivo em resposta"*.

   Atenta Desatenta

2. Kevin estava sentado em seu quarto, sentindo-se muito irritado e triste. Ele pensava no que havia acontecido mais cedo naquele dia — tinha ouvido seu amigo Toby conversando e estava quase certo de que Toby estava falando sobre ele. Kevin pensou: *"Não acredito que Toby disse aquelas coisas maldosas sobre mim. Isso sempre acaba acontecendo comigo; pessoas que costumavam ser minhas amigas se voltam contra mim. Nunca terei amigos em quem possa confiar"*.

   Atento Desatento

3. Jessica discutia sobre o horário de se recolher com seus pais e estava ficando muito chateada porque eles não cediam em relação ao horário regular das dez horas, mesmo que ela fosse a uma festa da escola que teria supervisão. Ela parou de ouvir seus pais e pensou: *"Blá blá blá... Eles nunca confiam em mim. Sempre insistem em me tratar como uma criança"*.

   Atenta Desatenta

4. Mark estava sentado na sala de aula e estava ficando bastante frustrado porque duas garotas atrás dele não paravam de cochichar. Ele pensou: *"Estou tendo muita dificuldade para me concentrar agora porque as pessoas estão falando, e estou começando a me sentir frustrado"*.

   Atento Desatento

5. Sarah estava em uma festa com um grupo de amigos da escola. Todos os seus amigos estavam conversando entre si e se divertindo, mas Sarah se encontrava sozinha na sala de estar, assistindo à televisão. Ela pensou: *"Sempre me sinto tão ansiosa quando estou em festas, mas todos os outros parecem confortáveis. O que há de errado comigo? Nunca vou me encaixar"*.

   Atenta Desatenta

6. Tyler estava trabalhando na mesma manobra de *skate* há um bom tempo e ainda não tinha conseguido dominá-la. Ele estava chegando perto, mas caiu do *skate* pelo que parecia ser a milionésima vez. Ele pensou: *"Venho trabalhando nessa manobra há um bom tempo. Às vezes fica frustrante, mas vou continuar tentando"*.

   Atento Desatento

3 Respiração em *mindfulness*

Agora que você tem uma melhor compreensão do que significa estar atento, é hora de praticar um exercício de *mindfulness*. Nos próximos momentos, concentre-se apenas na sua respiração. Não mude a maneira como está respirando; apenas perceba como é respirar. Note a sensação do ar entrando pelas suas narinas; perceba seu abdome se expandindo à medida que o ar enche seus pulmões. Simplesmente preste atenção a qualquer coisa que você notar sobre como é respirar. Em algum momento, você provavelmente perceberá que sua atenção se desviou: talvez comece a pensar que isso parece estranho e se pergunte qual é o objetivo; talvez se distraia com sons; ou talvez seus pensamentos se voltem para o horário do almoço, imaginando o que vai comer. Qualquer coisa que chamar sua atenção, apenas a perceba; então, sem se julgar por se distrair e sem julgar o que está experimentando, traga sua atenção de volta para a respiração. Faça isso por cerca de um minuto e, em seguida, responda às seguintes perguntas sobre sua experiência.

O que você notou enquanto se concentrava na sua respiração?

____

____

____

____

____

Você prestou atenção à sua respiração o tempo todo ou sua atenção se desviou? Se ela se desviou, para onde foram seus pensamentos?

____

____

____

____

____

Você aceitou o que veio à sua consciência? Por exemplo, se tiver percebido que foi distraído por um cachorro latindo, você simplesmente aceitou (*Eu ouço um cachorro latindo*) ou se pegou julgando de alguma forma (*Esse cachorro latindo é muito irritante*)? Ou talvez tenha notado que sua atenção se desviou muito; você aceitou isso (*Estou tendo muita dificuldade em me concentrar agora*) ou se julgou por isso (*Eu não consigo nem fazer isso direito!*)? Escreva sobre qualquer coisa que você tenha notado aqui:

____

____

____

____

____

É normal que sua atenção se desvie; então, na medida do possível, não se julgue quando isso acontecer — aceite e traga sua atenção de volta para a respiração.

Vamos abordar mais sobre julgamentos e aceitação no Capítulo 4. Então, se isso ainda não fizer muito sentido, não se preocupe — vai fazer!

Por enquanto, isso pode ajudar: pense na sua mente como um filhote de cachorro sendo treinado para sentar-se e ficar. Quando você começa a ensinar esse filhote, ele não vai ouvir você. Depois, ele começará a entender e ficará sentado por alguns segundos antes de se desviar novamente; com o tempo, ele ficará cada vez melhor em obedecer quando você mandar. Sua mente se comportará da mesma forma — ela nunca foi treinada para permanecer concentrada antes! Então, você pode precisar trazer sua atenção de volta várias vezes em apenas um minuto, e tudo bem. Você não ficaria impaciente e zangado com o filhote quando ele não ficasse, porque saberia que ele está apenas aprendendo, então seja paciente consigo mesmo também. Lembre-se de aceitar o que quer que você perceba e traga sua atenção de volta ao momento presente, sem julgamentos.

Como o *mindfulness* trata de retornar ao momento presente quando sua atenção se desvia e aceitar o que você percebe, você pode fazer absolutamente qualquer coisa em *mindfulness*. Então, se você está ouvindo música em *mindfulness*, está apenas ouvindo a música, sem julgá-la, e trazendo sua atenção de volta sempre que ela se desviar da música que está ouvindo. Se você está limpando seu quarto em *mindfulness*, está focado apenas em fazer essa única coisa; quando perceber que sua atenção se desviou, não se julgue por se distrair, apenas traga sua atenção de volta. Quando perceber que está julgando sua mãe por fazer você limpar o quarto, note isso e traga sua atenção de volta.

Aqui estão algumas outras atividades que você pode fazer em *mindfulness*. Adicione suas próprias ideias nas linhas em branco.

Ler um livro	Brincar com um animal de estimação
Conversar com um amigo	Fazer suas tarefas
Assistir à televisão ou a um filme	Fazer a lição de casa
Andar de *skate*	Dar uma caminhada
Prestar atenção na aula	______________________
Navegar pelo *feed* do Instagram	______________________
Andar de patins	______________________
Dançar	______________________

Se você teve dificuldade em pensar em atividades que pode fazer em *mindfulness*, pense em coisas que realmente gosta de fazer. Começar a praticar *mindfulness* será um pouco mais fácil se você começar com atividades nas quais consegue se envolver completamente. O objetivo final é viver sua vida de forma mais consciente. Então, a partir disso, você passará a fazer outras coisas em *mindfulness* também.

MINDFULNESS E SUAS EMOÇÕES

Você pode estar se perguntando o que ouvir música ou limpar seu quarto tem a ver com suas emoções. Lembre-se de que, quando você não está no momento presente (no aqui e agora), frequentemente desencadeia emoções dolorosas para si mesmo. Assim, quando está ouvindo música, por exemplo, pode perceber que a música lembra algo (como um relacionamento passado ou alguém de quem você gosta que está namorando outra pessoa) e se perder nesses pensamentos e memórias. Quando você vive fora do presente imediato dessa maneira, na verdade, experimenta as emoções como se estivesse passando por aquele evento novamente — talvez não na mesma intensidade, mas, ainda assim, sentindo as mesmas emoções.

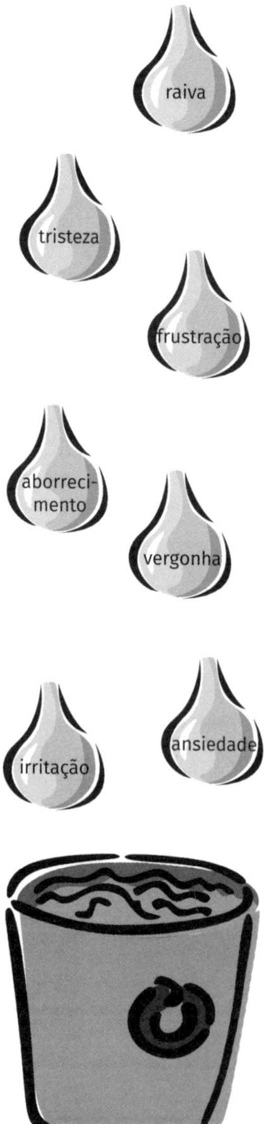

Provavelmente, você já tem o suficiente acontecendo no presente que lhe traga emoções dolorosas, sem precisar trazer coisas do passado. Ouvir música, limpar seu quarto ou fazer qualquer outra coisa em *mindfulness* significa que você está trazendo sua atenção de volta ao momento presente, em vez de deixar sua mente levá-lo para onde quiser. Isso ajuda a gerenciar suas emoções de duas maneiras. Primeiro, ao estar atento, você evita que emoções dolorosas sejam desencadeadas por pensamentos sobre o passado ou preocupações com o futuro. Dessa forma, o *mindfulness* reduz o número e a intensidade das emoções que você experimenta regularmente. Segundo, quando você não está julgando, também terá menos dores emocionais surgindo, e quando você tem menos emoções de forma contínua, elas serão mais gerenciáveis.

Imagine um balde cheio de água. Ele está cheio até a borda, de modo que adicionar apenas mais uma gota de água fará ele transbordar. Agora imagine que o balde representa suas emoções.

Quando você anda por aí cheio de emoções desde o início — porque está com raiva, tristeza, vergonha ou ansiedade sobre o passado ou o futuro —, adicionar apenas mais uma emoção dolorosa, mesmo que pequena, pode fazer você transbordar emocionalmente. Esse transbordamento pode significar coisas diferentes para pessoas diferentes ou até para a mesma pessoa em momentos diferentes. Por exemplo, você pode explodir com sua mãe por lhe pedir que limpe seu quarto; pode sentir vontade de se ferir porque seu melhor amigo teve que cancelar seus planos de ir a uma festa; ou pode chegar ao ponto de se sentir tão deprimido que não consiga sair da cama para ir à escola. O ponto é que o *mindfulness* ajuda a reduzir o número e a intensidade das emoções no seu balde, para que você possa gerenciar melhor as emoções que estão lá.

4 Seu balde de emoções

Desenhe uma linha d'água no balde onde você achar que seu nível emocional está agora; por exemplo, se seu nível emocional estiver bastante baixo no momento, você pode desenhar a linha abaixo do ponto médio; se estiver alto, pode colocá-la no topo do balde. Depois de desenhar sua linha, pense sobre quais emoções estão presentes em você neste instante e escreva seus nomes nos espaços fornecidos. Se não tiver certeza sobre quais emoções está sentindo, pode ser necessário voltar a este exercício após concluir o Capítulo 2. Se puder preencher os espaços agora, faça isso e depois responda às perguntas a seguir.

Como você se sentiu ao nomear suas emoções neste exercício?

____

____

____

____

____

____

Você notou algo sobre suas emoções enquanto as nomeava? Por exemplo, começou a experimentar mais emoções ou menos?

____

____

____

____

____

____

____

Agora escreva algumas notas sobre suas emoções em geral. Por exemplo, você acha que seu balde tende a transbordar ou acredita que está, geralmente, em um nível administrável? Você costuma estar ciente de suas emoções ou tende a ignorá-las?

____

____

____

____

____

____

____

MINDFULNESS E SUAS SENSAÇÕES FÍSICAS

Já notou que as emoções geralmente vêm acompanhadas de sensações físicas? Por exemplo, quando está se sentindo triste, pode notar que sua garganta fica apertada, seus olhos ficam marejados e você tem vontade de chorar. Ou quando está com raiva, pode perceber que fica ruborizado, seu coração começa a bater mais rápido e seus músculos ficam tensos.

Nossas sensações físicas podem, com frequência, ser um bom indicador de como nos sentimos emocionalmente. Portanto, estarmos atentos às nossas sensações físicas pode nos ajudar a ter mais consciência de nossas emoções, o que aumenta nossa capacidade de gerenciá-las. O primeiro passo é familiarizar-se com a forma como suas emoções se manifestam em seu corpo.

5 Como suas emoções se manifestam?

Escreva sobre como cada uma dessas emoções se manifesta fisicamente para você. Por exemplo, seu coração acelera, você sente tensão em certas áreas do corpo ou tende a contrair certas partes do corpo? Pode ser necessário experimentar cada uma dessas emoções novamente antes de poder descrever com precisão o que acontece. Então faça o que puder agora e volte a este exercício mais tarde, se necessário.

Raiva

____

____

____

____

____

____

____

____

____

Felicidade

Medo/Ansiedade

Tristeza

Culpa/Vergonha

6 *Mindfulness* para sensações físicas

A seguinte prática de *mindfulness* é chamada de *escaneamento corporal*, pois você examina seu corpo lentamente, por grupos musculares, para ver onde se sente relaxado, tem tensão ou dor, ou experimenta outras sensações. Ao estar mais em sintonia com a forma como seu corpo se sente, você pode frequentemente aumentar sua consciência de suas emoções, o que, por sua vez, aumenta sua capacidade de gerenciá-las. Você pode querer que alguém leia as seguintes instruções em voz alta para você até se acostumar a fazer isso sozinho.

Comece sentando-se em uma posição confortável e sintonizando-se com sua respiração. Não tente mudar sua respiração, apenas observe-a; sinta seu corpo enquanto inspira e expira. Quando estiver pronto, volte sua atenção para seus pés, permitindo-se notar seus dedos, as plantas dos seus pés e seus calcanhares. Observe como seus pés se sentem envolvidos pelos sapatos ou meias que está usando; ou, se estiver descalço, note a sensação do chão e a diferença de temperatura na parte inferior dos pés em comparação com a parte superior. Apenas permita-se tomar consciência de quaisquer sensações que estejam presentes neste momento; e se não notar nada, tudo bem — apenas perceba isso.

A partir daqui, comece a mover lentamente sua atenção para cima, para a parte inferior de suas pernas, suas panturrilhas e canelas; continue permitindo-se observar, sem julgar o melhor que puder, mesmo que note algo que não seja o que você gostaria. Continue a examinar seu corpo, um grupo muscular de cada vez, enquanto trabalha seu caminho para cima, dos pés à cabeça, notando quaisquer sensações de dor, conforto, desconforto, tensão ou relaxamento, ou qualquer outra coisa que venha à sua consciência. Observe que não há julgamentos acontecendo aqui. Você está apenas descrevendo factualmente o que quer que note em cada parte do corpo. Ao fazer isso, provavelmente notará que seus pensamentos vagam para outras coisas. Lembre-se de que isso é natural e apenas traga sua atenção de volta para os músculos em que está se concentrando.

Ao focar em cada grupo muscular, apenas nomeie a parte do corpo para si mesmo e observe quaisquer sensações; por exemplo: "*Percebo meus dedos dos pés... não têm sensações. Percebo meus pés... estão um pouco doloridos. Percebo minhas panturrilhas... estão apenas relaxadas. Percebo minhas canelas... não têm sensações. Percebo meus quadríceps... estão tensos*". Continue subindo pelo seu corpo.

Movendo-se para cima a partir da parte inferior das pernas, concentre-se nos isquiotibiais, nos quadríceps e nas nádegas. Continuando lentamente para cima, leve sua atenção para as partes inferior, média e superior das costas, fazendo uma pausa em cada um desses grupos de músculos para dar-se tempo de observar quaisquer sensações. A partir daqui, note seus ombros, depois trabalhe lentamente descendo seus braços, simplesmente permitindo que sua consciência chegue a quaisquer sensações que estejam em seu corpo neste momento. Observe seus bíceps, cotovelos e antebraços, e trabalhe lentamente até seus pulsos, suas mãos e até as pontas de cada dedo.

Continue apenas sentindo o que está acontecendo em seu corpo, adotando uma postura não julgadora, mesmo que não seja o que você gostaria que fosse. Agora, tome consciência de seu estômago; este é um lugar onde as pessoas frequentemente acumulam tensão, então observe se seus músculos abdominais estão tensos ou se sentem relaxados. Você também pode tirar um momento para prestar atenção à sua respiração, notando se ela é profunda e regular, superficial ou errática. Agora mova sua atenção para cima, para seu peito, novamente notando qualquer tensão ou outras sensações. Sempre que notar que sua atenção se dispersou, apenas observe isso, aceite (não se julgando por isso) e traga-a de volta para a área que está observando.

Movendo sua consciência agora para seu pescoço, note qualquer tensão, dor, desconforto ou outras sensações — apenas tome consciência delas. Em seguida, passe para sua mandíbula, outro lugar onde as pessoas frequentemente acumulam tensão — você está cerrando a mandíbula ou ela está solta e relaxada? Apenas observe o que está acontecendo em sua mandíbula neste momento. Então, direcione sua consciência para o resto do seu rosto e observe o que está acontecendo lá. Sua testa está franzida? Seus olhos estão abertos ou fechados, apertados ou relaxados? Os cantos da sua boca estão ligeiramente voltados para cima ou para baixo? Há tensão em algum desses músculos? Finalmente, leve sua atenção para sua cabeça. Você pode sentir uma sensação de formigamento à medida que a energia flui através do seu corpo; ou talvez não haja sensações lá para você sentir agora, e isso também está certo — apenas observe qualquer coisa que esteja presente neste momento.

Você notou algo de que não estava ciente em seu corpo? Conseguiu identificar alguma emoção? Praticar esse escaneamento corporal regularmente ajudará você a estar mais sintonizado consigo mesmo e com suas sensações físicas, o que pode oferecer pistas sobre como você se sente emocionalmente.

MINDFULNESS E SEUS VALORES

A maioria das pessoas consegue se conhecer melhor à medida que envelhece — o que gosta e não gosta, quais são suas crenças e valores, o que é importante para si, e assim por diante. Isso leva algum tempo para ser definido, mesmo nas melhores circunstâncias, em que há outras pessoas com quem conversar e que lhe oferecem apoio quando as coisas ficam difíceis. Mas algumas pessoas crescem em circunstâncias que tornam esse processo ainda mais desafiador — por exemplo, desenvolvendo um problema de saúde mental ou lidando com outras experiências adversas, como abuso físico, emocional, verbal ou sexual; tendo um membro da família com uma condição ou vício físico ou mental; crescendo em uma família com recursos financeiros escassos; ou como minoria, enfrentando discriminação regularmente.

Se você cresceu em uma situação difícil como essas, pode não ter tido a oportunidade de descobrir quem você é. E quando você não tem uma boa noção de sua própria identidade, isso pode contribuir para problemas em longo prazo: você pode experimentar uma sensação de vazio ou de não pertencimento e se encontrar fazendo o que for possível para tentar "se encaixar" com os outros. Isso pode levar a mais problemas, pois você pode, frequentemente, colocar de lado suas próprias necessidades para ter essa sensação de pertencimento. Quando as pessoas não têm uma boa noção de sua própria identidade, muitas vezes se tornam mais passivas; isso também pode resultar em dificuldades nos relacionamentos, já que sua mágoa aumenta à medida que elas quase nunca têm suas necessidades atendidas.

Quanto mais você praticar *mindfulness*, mais estará sintonizado com seus pensamentos, sensações físicas e emoções. Você se tornará mais consciente de quando age de maneiras que conflitam com seus valores (o que pode gerar muita dor emocional, sobre a qual você aprenderá mais quando nos aprofundarmos nas emoções, no próximo capítulo).

Agora, vamos reservar um tempo para ajudá-lo a considerar alguns de seus próprios valores. Esta próxima atividade é adaptada do *The DBT Skills Workbook for Teen Self-Harm* (Van Dijk, 2021).

7 Quais são seus valores?

Considere suas crenças ou o que é mais importante para você. É ser bem-sucedido? Ser leal, honesto, confiável? Ser física e emocionalmente saudável? Ser gentil com os outros? Você já pode ter uma noção de quais são alguns de seus valores. Se sim, liste-os aqui:

Se você está pensando *"Não faço ideia!"*, não se preocupe. Tente o seguinte: pense em alguém que você admira. Pode ser um membro da família ou um amigo; um professor, treinador, conselheiro, vizinho ou pastor; pode, ainda, ser alguém que você nunca conheceu, como uma figura política ou pública ou uma pessoa famosa. Agora pergunte a si mesmo: o que há nessa pessoa que você admira? O que você vê nessa pessoa que gostaria de ser? Escreva quaisquer palavras que vier à mente aqui:

Se ainda estiver sem ideias, aqui está uma lista de coisas que as pessoas frequentemente identificam como valores para elas. Marque aquelas que você diria que são importantes para você:

- ☐ Ter relacionamentos saudáveis
- ☐ Ser responsável
- ☐ Ser saudável
- ☐ Aprender
- ☐ Focar na família
- ☐ Alcançar coisas na vida (trabalhar duro, tirar boas notas, ter segurança financeira)
- ☐ Ter bom caráter (integridade, honestidade, defender suas crenças, ser respeitoso)
- ☐ Contribuir (voluntariar seu tempo, retribuir à comunidade, ser generoso)
- ☐ Aproveitar a vida
- ☐ Zelar (como cuidar do meio ambiente)
- ☐ Fazer parte de um grupo ou comunidade
- ☐ Defender a igualdade

Agora que você tem mais ideias sobre quais valores pode ter, sinta-se à vontade para fazer mais *brainstorming* no espaço a seguir.

____

____

____

____

____

____

____

____

____

____

____

Considere encontrar uma lista de valores *on-line* se precisar de mais ideias.

Agora pense nos valores que identificou e na pessoa que gostaria de ser. Imagine-se vivendo uma vida que vale a pena ser vivida (Linehan, 1993), em que talvez você tenha uma carreira ou uma família, ou esteja cercado de pessoas de quem gosta, ou esteja fazendo outras coisas que são significativas para você de alguma forma. Pense em como você tende a agir quando suas emoções tomam conta de você: isso é consistente com os valores que você listou aqui? Ou agir a partir do seu *self* emocional frequentemente entra em conflito com seus valores?

Manter esses valores em mente como algo pelo qual você está trabalhando em longo prazo pode ajudá-lo a se sentir mais motivado a investir o trabalho e o esforço necessários para construir essa vida para si mesmo, o que significa fazer escolhas mais saudáveis às vezes (e, com sorte, cada vez mais, à medida que você coloca em prática as habilidades que está aprendendo). Para ajudá-lo a mantê-los em mente, você pode querer fazer uma cópia da sua lista de valores e colocá-la em algum lugar onde possa vê-la como um lembrete dessas coisas que são importantes para você, ou desenhar uma imagem ou fazer uma colagem que represente essa vida que você gostaria para si e pendurá-la na parede.

CONCLUSÃO

Neste capítulo, você aprendeu sobre uma habilidade chamada *mindfulness* e como essa habilidade pode ajudá-lo a gerenciar suas emoções de maneira mais eficaz. Você também aprendeu que as emoções consistem em mais do que apenas como você se sente — elas também incluem pensamentos e sensações físicas. Antes de continuar a leitura deste guia, reserve um tempo para praticar *mindfulness*. Use os exercícios deste capítulo e, na medida do possível, traga o *mindfulness* para algumas das atividades que você realiza regularmente no seu dia a dia. Quanto mais você praticar estar no momento, com consciência e aceitação, mais benefícios verá e mais eficazmente será capaz de gerenciar suas emoções. Se estiver interessado em aprender mais sobre *mindfulness*, há inúmeros recursos disponíveis (veja sugestões de leitura adicional no final deste livro).

2

O que você precisa saber sobre emoções

Neste capítulo, você aprenderá informações que continuarão a aumentar sua capacidade de gerenciar emoções, de modo que até mesmo as emoções intensas que experimentar tenham menos controle sobre você.

NOMEAR EMOÇÕES PODE AJUDAR A GERENCIÁ-LAS

Já notou que muitas vezes você não sabe o que está sentindo? Às vezes, sente como se estivesse andando em uma névoa emocional, sabendo que se sente mal ou chateado, mas sem conseguir realmente nomear a emoção que está sentindo? Se você não sabe o que está sentindo, é muito difícil fazer algo a respeito dessa emoção ou ajudar a si mesmo a tolerá-la. Uma vez que você consegue nomear uma emoção, pode, muitas vezes, descobrir o que fazer a respeito dela.

As informações deste capítulo sobre emoções vêm de Linehan (2014). Esta próxima atividade é adaptada de Van Dijk (2021).

8 Dê um nome a elas

Provavelmente, uma razão pela qual ficamos confusos sobre o que estamos sentindo é que temos muitas emoções diferentes. Esta atividade ajudará você a examinar algumas das emoções mais dolorosas com as quais muitas pessoas lutam — raiva, medo (frequentemente experimentado como ansiedade), tristeza, culpa e vergonha —, mas pense nisso apenas como um ponto de partida. Se tiver dúvidas sobre outras emoções que lhe causem problemas (p. ex., para algumas pessoas, felicidade, alegria, amor e outras emoções prazerosas podem ser bastante problemáticas), você precisará trabalhar mais nessa área.

Todas as emoções servem a um propósito ou podem ser *justificadas* em determinados momentos, o que significa que fazem sentido de acordo com a situação. Também podemos sentir emoções quando elas *não são* justificadas, e isso pode nos causar muitos problemas.

Raiva

Propósito da raiva. A raiva é a emoção que geralmente surge quando há obstáculos em seu caminho ou quando você — ou alguém de quem você gosta — está sendo atacado, ameaçado, insultado ou ferido por outros. Quando uma situação se encaixa em uma dessas categorias, é possível dizer que a raiva é justificada; isto é, faz sentido dada a situação.

O que ela faz. A raiva geralmente faz as pessoas se tornarem agressivas. Ela pode levá-lo a atacar aquilo que vê como perigoso para eliminar a ameaça. Quando a raça humana estava evoluindo e havia ameaças constantes no ambiente, a raiva nos ajudava a sobreviver.

Exemplo de quando a raiva é justificada. Seus pais lhe aplicam uma consequência por você não cumprir o horário de se recolher (proíbem você de ir àquela desejada festa); eles estão criando um obstáculo que está atrapalhando você. Portanto, faz sentido que você se sinta com raiva nessa situação; a raiva é justificada.

Pensamentos de raiva. "*Isso não é justo. Eles não deveriam me tratar assim. Eles estão sendo cruéis. Isso é estúpido.*" Geralmente, os pensamentos de raiva envolvem julgamentos, pensando que o que está acontecendo não deveria estar acontecendo ou que as pessoas não deveriam ser como são.

Descreva sua raiva

Pense em um momento recente em que você se sentiu com raiva e descreva a situação:

____

____

____

____

____

____

Sensações corporais. Observe estas sensações físicas conectadas à raiva e marque as que você experimentou nessa situação. Adicione outras sensações que você possa recordar:

- ☐ Músculos tensos ou contraídos, como ao cerrar os punhos ou a mandíbula
- ☐ Tremores ou agitação
- ☐ Coração acelerado
- ☐ Aumento da frequência respiratória
- ☐ Mudança na temperatura corporal, que pode levar a sentir calor ou frio
- ☐ Outras: ______________________________________

Impulsos e comportamento. A raiva geralmente envolve agressão; você pode gritar, berrar, xingar ou dizer coisas ofensivas a alguém, ou pode até mesmo reagir fisicamente, jogando coisas ou batendo em objetos ou pessoas (incluindo você mesmo).

Quais impulsos você notou quando estava na situação que descreveu?

____

____

____

____

____

____

O que você realmente fez?

Outras palavras para raiva. Circule as palavras que descrevem como você se sentiu nessa situação:

Aborrecido	Zangado	Revoltado
Frustrado	Irado	Indignado
Irritado	Furioso	Impaciente
Nervoso	Ofendido	
Magoado	Incomodado	
Amargurado	Enfurecido	

Se você conseguir pensar em outras palavras que se encaixem melhor, adicione-as aqui.

É importante notar que, mesmo que uma emoção seja justificada, isso não significa que você precisa agir conforme os impulsos associados a ela. Por exemplo, você pode sentir raiva dos seus pais por estabelecerem um horário de voltar para casa e optar por não ceder ao impulso de gritar com eles.

Medo e ansiedade

O medo é diferente, mas muito relacionado à ansiedade. O medo motiva você a agir quando há uma ameaça e desencadeia a resposta de luta ou fuga em seu corpo, o que o ajuda a sobreviver em uma situação perigosa. Em essência, medo e ansiedade se manifestam da mesma forma fisicamente. A principal diferença entre essas duas emoções é que o medo é focado no presente e relacionado a uma ameaça específica, enquanto a ansiedade surge quando há uma ameaça mais geral com a qual você está se preocupando — algo que ainda não aconteceu e pode nunca acontecer. A ansiedade também surge quando há algo que se pode, razoavelmente, esperar que aconteça e cujos resultados você prevê que serão catastróficos, de forma desproporcional à realidade. Então, se você estiver andando de bicicleta ou caminhando pela rua e pensar *"E se eu for atropelado por um carro?"*, provavelmente ficará ansioso. Se você estiver fazendo uma apresentação na escola e pensar *"Vou fazer papel de bobo e fracassar completamente"*, ficará ansioso. Embora certamente haja momentos em que o medo é justificado, não há um momento em que você realmente *deva* se sentir ansioso ou quando sua ansiedade seja justificada, porque ela envolve o medo de algo que não é uma ameaça real — mesmo que pareça ser!

Alguma ansiedade pode ser útil, no entanto. Sem ela, você não teria cautela ao atravessar a rua e não veria um carro vindo em sua direção. Sem alguma ansiedade, você poderia fazer outras coisas que o colocariam em maior risco, como caminhar sozinho em uma área perigosa da cidade à noite. Portanto, não estamos tentando nos livrar da ansiedade (ou de qualquer emoção, já que todas têm um propósito), mas se você tem ansiedade regularmente — ou em níveis extremos, como em ataques de pânico —, queremos que você seja capaz de gerenciá-la melhor, em vez de deixá-la controlá-lo.

Propósito do medo. O medo surge quando há uma ameaça à sua segurança, ao seu bem-estar ou à segurança e ao bem-estar de alguém de quem você gosta.

O que o medo faz. O medo é a emoção que faz você agir para proteger a si mesmo ou aos outros.

Exemplo de quando o medo é justificado. Você está andando de bicicleta ou atravessando a rua e um carro está vindo em alta velocidade em sua direção. O medo é justificado porque sua segurança está ameaçada.

Descreva seu medo ou sua ansiedade

Pense em um momento recente em que você sentiu medo ou ansiedade e descreva a situação:

____

____

____

____

____

____

Sensações corporais. Observe estas sensações físicas que podem estar conectadas ao medo e à ansiedade, e marque aquelas que você experimentou nessa situação. Em seguida, adicione quaisquer outras sensações que você tenha experimentado:

- ☐ Músculos tensos ou contraídos (seu corpo se preparando para fugir de uma situação perigosa)
- ☐ Tremores ou espasmos musculares
- ☐ Coração acelerado
- ☐ Aumento da frequência respiratória
- ☐ Mudança na temperatura corporal, que pode levar a sentir calor ou frio
- ☐ Outras: ______________________________

Impulsos e comportamentos. Com o medo, os impulsos e comportamentos geralmente envolvem fugir da ameaça para proteger a si mesmo ou as pessoas de quem você gosta. Com a ansiedade, isso geralmente significa evitar uma situação (como quando você decide não ir à aula porque está preocupado que terá um ataque de pânico e fará papel de bobo) ou escapar da situação se você já estiver nela (como sair da aula mais cedo porque está se sentindo ansioso).

Quais impulsos você notou quando estava na situação que descreveu?

____

____

____

O que você realmente fez?

Outras palavras para medo. Circule as palavras que descrevem como você se sentiu nessa situação:

Ansioso	Inquieto	Desesperado
Apavorado	Preocupado	Sobrecarregado
Aterrorizado	Assombrado	Alarmado
Assustado	Perturbado	Desconcertado
Amedrontado	Estressado	
Apreensivo	Tenso	

Se você conseguir pensar em outras palavras que se encaixem melhor, adicione-as aqui.

Ao relembrar sua experiência de medo ou ansiedade, você notou alguma semelhança com o que experimentou ao sentir raiva? As sensações corporais podem ser semelhantes. É por isso que pode ser fácil confundir emoções de ansiedade e raiva!

Tristeza

Propósito da tristeza. A tristeza é a emoção sentida quando as coisas não são como você esperava que fossem ou quando você experimenta algum tipo de perda.

O que ela faz. Esta é a emoção que encoraja as pessoas ao seu redor a tentar ajudar ou oferecer apoio; também pode motivá-lo a tentar recuperar o que perdeu.

Exemplo de quando a tristeza é justificada. Seu melhor amigo está na Europa há seis meses por ter conseguido uma bolsa para jogar futebol; você não é aprovado na faculdade que era sua primeira opção; ou seu parceiro termina com você. A tristeza é justificada porque você experimentou uma perda, mesmo que temporária, e porque as coisas não são como você esperava que fossem.

Descreva sua tristeza

Pense em um momento recente em que você se sentiu triste e descreva a situação:

____

____

____

____

____

____

Sensações corporais. Observe estas sensações físicas conectadas à tristeza e marque as que você experimentou nessa situação. Em seguida, adicione quaisquer outras sensações que você tenha experimentado:

- ☐ Aperto no peito ou na garganta
- ☐ Peso no peito ou no coração
- ☐ Lágrimas nos olhos
- ☐ Corpo cansado ou pesado
- ☐ Outras: ______________________________

Impulsos e comportamentos. Sentir-se triste geralmente envolve se afastar dos outros e se isolar.

Quais impulsos você notou quando estava na situação que descreveu?

____

____

____

____

____

____

O que você realmente fez?

____

____

____

____

____

____

Outras palavras para tristeza. Circule as palavras que descrevem como você se sentiu nessa situação:

Decepcionado	Aflito	Melancólico
Infeliz	Abalado	Abatido
Descontente	De luto	Sem esperança
Desanimado	De coração partido	Angustiado
Desiludido	Resignado	Deprimido

Se você conseguir pensar em outras palavras que se encaixem melhor às suas emoções, adicione-as aqui.

____

____

____

____

____

____

Culpa

Frequentemente sentimos culpa e vergonha nas mesmas situações, e muitos aspectos dessas emoções são semelhantes. Elas são fáceis de confundir, mas são bastante diferentes; e é importante saber que, muitas vezes, experimentamos essas emoções quando elas não são realmente justificadas, então elas podem nos causar muito sofrimento desnecessário.

Propósito da culpa. A culpa é a emoção que surge quando você faz algo que vai contra seus valores e o faz julgar seu comportamento.

O que ela faz. A culpa surge para ajudá-lo a fazer as pazes e para evitar que você aja da mesma forma no futuro.

Exemplos de quando a culpa é justificada. Você diz algo para magoar sua irmã durante uma discussão, e mais tarde pensa: *"Isso foi golpe baixo. Eu não deveria ter dito aquilo"*. Você mente para seus pais ou cola em uma prova, e há uma parte de você que sabe que esse comportamento não corresponde aos seus valores, então você se sente culpado por isso.

Descreva sua culpa

Pense em um momento recente em que você sentiu culpa e descreva a situação aqui:

____

____

____

____

____

____

Sensações corporais. Observe estas sensações corporais conectadas à culpa e marque as que você experimentou nessa situação. Em seguida, adicione quaisquer outras sensações que você tenha experimentado:

☐ Sentir-se e agir de forma agitada, inquieta

☐ Rosto quente, ruborizado

☐ Outras: ______________________________________

Impulsos e comportamentos. Ao sentir culpa, você frequentemente quer fazer as pazes (p. ex., pedindo desculpas à sua irmã) para tentar compensar o que fez. Geralmente há, também, um impulso de baixar a cabeça e evitar contato visual.

Quais impulsos você notou quando estava na situação que descreveu?

____

____

____

____

____

____

O que você realmente fez?

____

____

____

____

____

____

Outras palavras para culpa. Circule as palavras que descrevem como você se sentiu nessa situação:

Arrependido
Pesaroso
Penitente
Sentido

Se você conseguir pensar em outras palavras que se encaixem melhor às suas emoções, adicione-as aqui.

____

____

____

____

____

____

Vergonha

Propósito da vergonha. A vergonha protege você e o mantém conectado aos outros. A vergonha surge quando você faz algo ou quando há algo sobre você que poderia fazer uma pessoa (ou um grupo de pessoas) rejeitá-lo se soubesse disso.

O que ela faz. A vergonha faz você se esconder — seja você mesmo, seja seu comportamento — para permanecer conectado às pessoas que são importantes para você. A vergonha também é a emoção que surge para tentar impedi-lo de repetir um comportamento. Se as pessoas sabem sobre seu comportamento, a vergonha faz você tentar fazer as pazes nesses relacionamentos.

Exemplos de quando a vergonha é justificada. Você se corta e esconde os cortes para que os outros não o rejeitem por esse comportamento. Se a vergonha é justificada ou não nesse exemplo, depende realmente de quem você está se escondendo: se está escondendo seu comportamento de pessoas que podem rejeitá-lo por se cortar, então é justificado, porque esconder o comportamento o mantém conectado aos outros. Mas a vergonha não é justificada se você está se sentindo assim em relação a pessoas que provavelmente não o rejeitarão — pessoas como seus pais, seu melhor amigo ou seu terapeuta.

Você também pode experimentar essa emoção se houver algo sobre você que o torna diferente dos outros (ou que você acredita que o torna diferente). Esse algo pode ser sua sexualidade ou sua identidade de gênero, um problema de saúde mental ou de dependência, sua religião ou uma crença ou opinião particular que você tem. Esconder essa parte de si protege você de ser rejeitado pelos outros. Às vezes é difícil dizer se a vergonha é justificada ou não, porque envolve uma avaliação dos outros e do que eles poderiam pensar se soubessem sobre o que você esconde.

Na maioria das vezes, a vergonha não é justificada. Ela frequentemente surge, no entanto, por ser a emoção terrível e devastadora que sentimos quando nos julgamos. Então, em vez de pensar *"Eu não deveria ter dito aquilo para minha irmã"*, você agora está pensando *"Que tipo de pessoa eu sou para dizer aquilo à minha irmã?"* ou *"Eu sou horrível"*. Julgar-se por algo que fez ou por algo que sente que é defeituoso ou errado em você fará com que sinta vergonha.

Uma razão pela qual você pode tender a confundir culpa e vergonha é que você pode sentir ambas ao mesmo tempo, quando você julga seu comportamento (culpa) e então julga a si mesmo por ter agido como agiu (vergonha).

Descreva sua vergonha

Pense em um momento recente em que você sentiu vergonha e descreva a situação aqui:

____

____

____

____

____

____

Sensações corporais. Observe estas sensações físicas conectadas à vergonha e marque as que você experimentou nessa situação. Em seguida, adicione quaisquer outras sensações que você tenha experimentado:

- ☐ Dor no estômago
- ☐ Rosto quente, ruborizado
- ☐ Dificuldade em fazer contato visual
- ☐ Outras: ______________________________

Impulsos e comportamentos. A vergonha pode fazer você querer enfiar a cabeça em um buraco e pode tornar difícil fazer contato visual. Ela pode criar um impulso de se isolar e se esconder dos outros, levando a uma postura curvada e de cabeça baixa.

Quais impulsos você notou quando estava na situação que descreveu?

____

____

____

____

____

____

O que você realmente fez?

____

____

____

____

____

____

Outras palavras para vergonha. Circule as expressões que descrevem como você se sentiu nessa situação:

Morto de vergonha
Nojo de mim mesmo
Desprezo por mim mesmo

Se você conseguir pensar em outras palavras que se encaixem melhor às suas emoções, adicione-as aqui.

____

____

____

____

____

____

Não há, de fato, muitas outras palavras para vergonha, embora às vezes usemos as palavras "constrangido" ou "humilhado", mas que são diferentes de vergonha. Você pode pensar em *constrangido* como a emoção que você tem quando sai do banheiro com papel higiênico preso ao pé — situações constrangedoras das quais geralmente podemos rir mais tarde. A *humilhação* está um pouco mais próxima da vergonha, mas também envolve raiva — a sensação de alguém tê-lo feito sentir vergonha quando você não merecia.

A FUNÇÃO DAS EMOÇÕES

Como você viu na atividade anterior, as emoções surgem por uma razão — todas têm uma função. Sempre que você experimenta uma emoção, ela está ali para lhe dizer algo. Por exemplo, a raiva frequentemente surge para nos motivar a trabalhar em direção a uma mudança quando há algo de que não gostamos em uma situação; o medo e a ansiedade surgem quando há algo que pode ser perigoso para nós, motivando-nos a sair da situação ou a nos proteger; e assim por diante. Mas às vezes as pessoas se tornam mais sensíveis emocionalmente, o que significa que suas emoções são desencadeadas com mais frequência do que o necessário. Você pode perceber que fica com raiva por algo que parece pequeno e que normalmente não o incomodaria, ou talvez se sinta ansioso em uma situação em que não há nada, de fato, que o ameace. Ainda assim, você geralmente pode ver por que a emoção surgiu em você, mesmo que pense que é uma reação exagerada. Portanto, o objetivo não é tentar se livrar de suas emoções — você precisa delas; em vez disso, a meta é ser capaz de gerenciá-las de maneira mais eficaz e não deixar que elas o controlem.

9 O que esta emoção está dizendo a você?

Estas histórias curtas demonstram como nossas emoções têm funções. Leia cada história e responda às perguntas que se seguem. Você encontrará uma lista de possíveis respostas no final do livro.

Os pais de Kayla se separaram quando ela tinha doze anos, e seu pai recentemente se casou outra vez. Kayla não gostava da maneira como Mary, a nova esposa de seu pai, a tratava — ela frequentemente a criticava e parecia estar tentando ser sua mãe. Um dia, depois da escola, Kayla deixou seu boletim na mesa da cozinha para que seu pai visse. Ela estava orgulhosa de si mesma por ter tirado um B em matemática, uma matéria com a qual sempre teve dificuldades. Mary olhou o boletim de Kayla antes que seu pai pudesse vê-lo e disse a ela que teria que se esforçar muito mais, pois Bs não eram aceitáveis.

Circule a emoção que melhor descreve o que Kayla pode sentir:

Raiva Ansiedade Tristeza Culpa Vergonha

Qual pode ser a função dessa emoção? O que ela está dizendo a Kayla?

____

____

____

____

Qual atitude útil Kayla pode tomar por causa dessa emoção?

____

____

____

____

Joshua e sua namorada Emily estavam juntos há alguns meses. As coisas estavam indo bem até a última semana, quando Joshua começou a notar que Emily não estava ligando ou mandando mensagens com tanta frequência. Eles não conseguiam se ver muito durante a semana porque Joshua tinha um trabalho de meio período depois da escola e Emily frequentemente tinha treino de vôlei. Joshua estava ansioso para passar um tempo com Emily neste fim de semana, mas Emily não havia respondido à sua mensagem, e ele estava começando a se perguntar se ela iria terminar com ele.

Circule a emoção que melhor descreve o que Joshua pode sentir:

Raiva Ansiedade Tristeza Culpa Vergonha

Qual pode ser a função dessa emoção? O que ela está dizendo a Joshua?

____

____

____

____

Qual atitude útil Joshua pode tomar por causa dessa emoção?

____

____

____

____

____

Nicole teve uma discussão com sua melhor amiga, Samantha, e elas pararam de se falar. Uma semana se passou e Samantha ainda não havia ligado, mas Nicole não queria ser a primeira a ceder. Em vez de ir à festa que tinham planejado para o fim de semana, Nicole ficou em casa assistindo a filmes sozinha. Ela simplesmente não sentia vontade de fazer nada com mais ninguém naquele momento.

Circule a emoção que melhor descreve o que Nicole pode sentir:

Raiva Ansiedade Tristeza Culpa Vergonha

Qual pode ser a função dessa emoção? O que ela está dizendo a Nicole?

____

____

____

____

Qual atitude útil Nicole pode tomar por causa dessa emoção?

____

____

____

____

Matt descumpriu o horário de ir para casa duas vezes na semana passada e agora estava lidando com as consequências. Como parte de sua punição, seu celular foi confiscado. Era sábado à noite e ele estava entediado; seus pais tinham ido visitar amigos, então ele foi ao quarto deles e pegou o celular da mãe para enviar mensagens a alguns amigos. Ele adormeceu sem devolver o celular, e na manhã seguinte sua mãe perguntou se ele tinha visto o aparelho. Matt disse que não, porque não queria se meter em mais problemas e ficar de castigo por ainda mais tempo.

Circule a emoção que melhor descreve o que Matt pode sentir:

Raiva Ansiedade Tristeza Culpa Vergonha

Qual pode ser a função dessa emoção? O que ela está dizendo a Matt?

____

____

____

Qual atitude útil Matt pode tomar por causa dessa emoção?

____

____

____

Você consegue se lembrar de um momento em que experimentou cada uma das seguintes emoções? Reserve um tempo para refletir sobre a função que ela desempenhou e o que você fez por causa dela, e escreva sobre suas experiências no espaço fornecido:

Um momento em que senti raiva: ______________________

____

____

A função dessa emoção: ______________________

____

____

Atitude útil que tomei: ______________________

____

____

Um momento em que me senti ansioso: ______________________

____

____

A função dessa emoção: ____________________

____

____

Atitude útil que tomei: ____________________

____

____

Um momento em que me senti triste: ____________________

____

____

A função dessa emoção: ____________________

____

____

Atitude útil que tomei: ____________________

____

____

Um momento em que me senti culpado: ____________________

____

____

A função dessa emoção: ____________________

____

____

Atitude útil que tomei: ______________________________

____

____

Um momento em que senti vergonha: ______________________________

____

____

A função dessa emoção: ______________________________

____

____

Atitude útil que tomei: ______________________________

____

____

PENSAMENTOS, EMOÇÕES E COMPORTAMENTOS

Até agora, você tem praticado nomear suas emoções e descobrir seus propósitos. A seguir, você precisa saber como pensamentos, emoções e comportamentos estão conectados e como diferenciá-los. Muitas vezes, confundimos essas três coisas. Por exemplo, se alguém lhe pergunta como você se sente, e você responde: "Eu sinto que as pessoas simplesmente não me entendem", isso na verdade descreve um pensamento, não uma emoção. Também confundimos comportamentos e emoções; você pode pensar que não é bom ficar com raiva, mas provavelmente está pensando no comportamento que, com frequência, resulta da raiva. É normal ficar com raiva, mas não é aceitável gritar com outras pessoas ou arremessar coisas por estar com raiva. Tendemos a confundir como sentimos, pensamos e agimos principalmente porque essas três coisas estão intimamente conectadas.

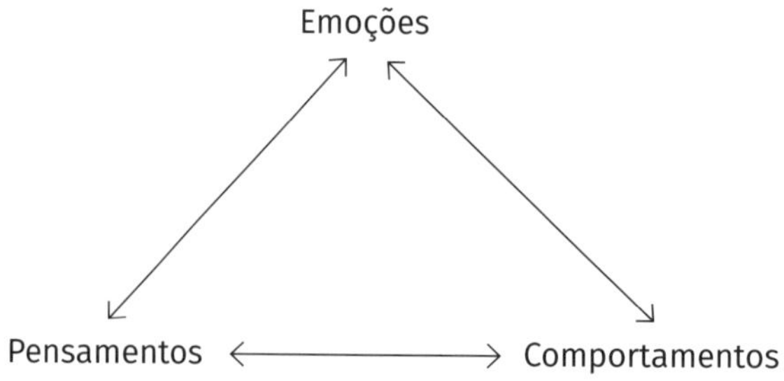

Esse diagrama mostra como nossas emoções afetam nossos pensamentos e comportamentos, nossos pensamentos afetam nossas emoções e comportamentos, e nossos comportamentos afetam nossos pensamentos e emoções. Em toda situação, experimentamos estas três coisas — temos pensamentos a respeito da situação temos emoções em relação à situação e nos comportamos de uma determinada maneira. Adicione a isso o fato de que todas as três podem acontecer muito rapidamente, e não é de se admirar que muitas vezes possamos confundi-las! Para ser mais eficaz no gerenciamento de suas emoções, você precisa aprender a separar essas três coisas.

10 Pensamento, emoção ou comportamento?

Leia cada frase e indique se é um pensamento, uma emoção ou um comportamento, circulando a palavra mais apropriada. Quando terminar, você pode conferir as respostas listadas no final do livro.

1. Eu gosto muito da escola.	Pensamento	Emoção	Comportamento
2. Estou preocupado com minhas provas da próxima semana.	Pensamento	Emoção	Comportamento
3. Mal posso esperar para ganhar um novo *laptop*.	Pensamento	Emoção	Comportamento
4. Eu faço minha lição de casa.	Pensamento	Emoção	Comportamento
5. Eu discuto com meus pais.	Pensamento	Emoção	Comportamento
6. Nunca vou ter um relacionamento.	Pensamento	Emoção	Comportamento
7. Estou muito irritado por não ter ido ao *show*.	Pensamento	Emoção	Comportamento
8. Eu navego na internet.	Pensamento	Emoção	Comportamento

9. Eu amo meu novo cachorro.	Pensamento	Emoção	Comportamento
10. Eu me preparo para ir ao *shopping* com meus amigos.	Pensamento	Emoção	Comportamento
11. Não gosto do blusão que minha avó me deu de presente de aniversário.	Pensamento	Emoção	Comportamento
12. Estou magoado porque minha irmã não me levou ao cinema com ela.	Pensamento	Emoção	Comportamento

Não se preocupe se teve dificuldade com algumas dessas frases — a maioria das pessoas não está acostumada a pensar dessa forma. É natural que você leve algum tempo para se acostumar a separar seus pensamentos de suas emoções e comportamentos. Certifique-se de trabalhar nisso, pois isso o ajudará a gerenciar melhor suas emoções e os comportamentos que resultam delas.

11 Organizando seus pensamentos, emoções e comportamentos

Use a ficha de tarefa a seguir para organizar seus pensamentos, emoções e comportamentos. Você também pode baixar a ficha de tarefa na página do livro em loja.grupoa.com.br. É uma ótima ideia preencher uma dessas fichas de tarefas sempre que estiver experimentando emoções intensas ou se sentindo confuso sobre uma situação; se não puder escrever a respeito enquanto vivencia a situação, você pode voltar e completar a ficha de tarefa depois. Aqui, a entrada de exemplo é baseada na história de Jacob, do Capítulo 1.

Situação	Pensamento	Emoção	Comportamento
Fui convidado para uma festa na casa do meu amigo e a maioria dos meus amigos irá.	E se me provocarem de novo? A última vez que fui a uma festa foi um desastre. Parte de mim quer ir, mas a outra parte quer apenas dizer "Esqueça isso" e ficar em casa.	Ansiedade, preocupação Vergonha, raiva Confusão, ansiedade	Vou à festa de qualquer maneira. Enquanto estava na festa, tentei manter a atenção no momento presente e não pensar no passado.

Situação	Pensamento	Emoção	Comportamento
Descreva com o máximo possível de detalhes a situação que desencadeou seus pensamentos, emoções e comportamentos. O que estava acontecendo pouco antes de você começar a pensar, sentir ou agir dessa maneira?	Quais são seus pensamentos sobre a situação? Eles podem incluir perguntas, memórias, imagens ou julgamentos.	Quais emoções você está experimentando? Se não conseguir identificar como está se sentindo, comece lembrando destas quatro categorias básicas: *zangado*, *triste*, *assustado* e *feliz*.	O que você está fazendo nessa situação? Isso não inclui impulsos ou o que você sente vontade de fazer; descreva apenas quais atitudes você está realmente tomando.

PENSAMENTOS E EMOÇÕES NÃO SÃO FATOS

Só porque você tem um pensamento ou uma emoção não significa que isso seja a realidade. Você pode pensar: "*Nunca terei um melhor amigo*", mas isso é apenas um pensamento, não a verdade. Você pode não se sentir amado, mas isso não significa que você *realmente não seja* amado — é apenas como você se sente. Muitas vezes nossos pensamentos e emoções *parecem* verdadeiros para nós, por isso é importante lembrar que são apenas pensamentos e emoções, não fatos. Este exercício de *mindfulness* pode ajudá-lo a praticar a identificação do que é um pensamento, o que é uma emoção e o que é um comportamento; ele também ajudará você a apenas observar seus pensamentos e emoções, lembrando-se que eles não são fatos.

12 Observando seus pensamentos e emoções

Até que você esteja familiarizado com este exercício, pode ser útil pedir a alguém que leia as instruções para você.

Observando seus pensamentos e emoções em um rio

Sentado em uma posição relaxada, feche os olhos. Em sua mente, imagine-se de pé em um rio raso. A água chega um pouco acima dos seus joelhos, e uma corrente suave exerce pressão contra suas pernas. Enquanto você está no rio, observe seus pensamentos e emoções começarem a flutuar rio abaixo, deslizando pela corrente. Não tente segurá-los enquanto flutuam, e não se envolva com eles; apenas observe-os enquanto flutuam rio abaixo. Se perceber que está se envolvendo com um pensamento ou uma emoção, de modo a descer o rio com eles em vez de apenas observá-los flutuar, volte a ficar de pé no rio; traga sua atenção de volta ao exercício e concentre-se apenas em observar. Na medida do possível, não julgue os pensamentos ou emoções que passarem; apenas tome consciência de sua presença.

Observando seus pensamentos e emoções nas nuvens

Aqui está uma segunda maneira de praticar este exercício. Imagine-se deitado em um campo de relva, olhando para nuvens brancas e fofas. Em cada nuvem, você pode ver um pensamento ou emoção que está experimentando; observe cada pensamento ou emoção enquanto eles flutuam lentamente. Não os julgue; apenas observe-os enquanto flutuam pela sua mente. Na medida do possível, não tente agarrar os pensamentos ou emoções ou se envolver com eles — apenas observe-os. Se perceber que foi levado por uma nuvem em particular, traga-se de volta para deitar-se no campo de relva. Se perceber que sua atenção está se desviando do exercício, traga sua atenção de volta para observar os pensamentos e emoções, sem se julgar.

CONCLUSÃO

Neste capítulo, você praticou nomear suas emoções e aprendeu que elas têm um propósito. Você também aprendeu que pensamentos, emoções e comportamentos estão interconectados e que pode ser difícil separá-los, mas que fazer isso é muito importante para aprender a gerenciar suas emoções de maneira mais eficaz. Finalmente, você aprendeu a começar a pensar em seus pensamentos e emoções como apenas isso — pensamentos e emoções — em vez de fatos. À medida que avança neste livro de exercícios, continue praticando os exercícios de *mindfulness* e de outras habilidades fornecidos. Pode levar muito tempo e gastar muita energia no início, mas quanto mais você praticar, mais eficaz você se tornará em não deixar suas emoções o controlarem.

3

Controlando as emoções fora de controle

Como você pode observar pelo que foi apresentado até agora, as emoções são muito complexas. Não se constituem apenas de *sentimentos*, mas também incluem sensações físicas, pensamentos, impulsos e comportamentos. As informações sobre emoções apresentadas no Capítulo 2 o auxiliarão no uso das habilidades que serão aprendidas neste capítulo e no próximo, visando aumentar a sua capacidade de gerenciar as emoções.

TRÊS FORMAS DIFERENTES DE PENSAR

Todos nós temos momentos em que somos mais controlados pelo raciocínio ou pela lógica, pelas emoções ou por uma combinação desses dois aspectos; estas são as três formas diferentes de pensar sobre as coisas. Vamos examinar cada uma delas mais detalhadamente.

O *self* racional

A primeira dessas três formas de pensar é conhecida na terapia comportamental dialética (DBT) como *mente racional* (Linehan, 1993). Basicamente, refere-se ao estado da mente no qual estamos quando pensamos de forma lógica ou factual sobre algo. Por exemplo, quando você está na aula de matemática tentando resolver uma questão, provavelmente está usando o seu *self* racional. No primeiro dia de aula, ao tentar descobrir onde fica seu armário, é provável que também esteja utilizando o seu *self* racional. Nessa perspectiva, geralmente há poucas emoções envolvidas; quaisquer emoções presentes tendem a ser discretas e não influenciam significativamente o comportamento. Procure identificar situações em que você vê as coisas a partir dessa perspectiva e descreva-as a seguir. Se tiver dificuldades, peça ajuda a alguém de confiança.

O *self* racional é muito importante, mas pensar apenas a partir dessa perspectiva regularmente pode levar a problemas. Por exemplo, pessoas que pensam dessa forma podem, frequentemente, ignorar suas emoções, o que pode dificultar o gerenciamento delas. Não estar conectado às suas emoções também pode dificultar a compreensão e a empatia com os outros, causando problemas nos relacionamentos.

O *self* emocional

O oposto do *self* racional é o *self* emocional — conhecido na DBT como *mente emocional* (Linehan, 1993). Quando se pensa a partir do *self* emocional, as emoções são tão intensas que controlam as ações; *reage-se* a partir dos impulsos criados pelas emoções, em vez de se *escolher como agir* em uma situação. Alguns exemplos incluem: sentir-se muito irritado e agredir verbalmente pessoas queridas; sentir-se deprimido e isolar-se no quarto, evitando falar com qualquer pessoa; ou sentir-se ansioso sobre uma festa planejada e decidir ficar em casa.

Naturalmente, também é possível encontrar-se, no *self* emocional, com emoções prazerosas. Pense em um momento em que sentiu amor (ou desejo) por alguém, e essas emoções controlaram seu comportamento de alguma forma: ao comprar um presente que não podia realmente pagar; ao enviar muitas mensagens de texto ou uma foto sua, o que talvez não tenha sido a melhor ideia, embora parecesse na hora. Ou ainda, pense em um momento em que recebeu uma notícia fantástica — como ter sido aceito em sua primeira opção de faculdade com uma bolsa de estudos — e começou a ligar para todos os seus amigos para compartilhar sua empolgação. Isso também é um exemplo do *self* emocional.

Tente pensar em alguns exemplos de quando você agiu a partir do seu *self* emocional. Novamente, se tiver dificuldades, peça ajuda a alguém de confiança.

Assim como com o *self* racional, se você pensar a partir do seu *self* emocional e agir com base nesses impulsos com muita frequência, encontrará problemas. Como provavelmente pode perceber pelos exemplos anteriores, este é, de fato, o *self* que mais frequentemente nos coloca em apuros. Então, se não queremos agir a partir de nossos *selfs* racional ou emocional o tempo todo, o que *devemos* fazer? A resposta está na terceira forma de pensar sobre as coisas — usando o nosso *self* sábio.

O *self* sábio

Para acessar o seu *self* sábio — conhecido na DBT como *mente sábia* (Linehan, 1993) —, é necessário combinar o raciocínio com as emoções, de modo que nenhum modo de pensar o controle; em vez disso, você é capaz de considerar as consequências de suas ações e, subsequentemente, agir em seu melhor interesse e de acordo com seus valores. Você já se encontrou em uma situação que poderia parecer difícil, mas simplesmente sabia o que tinha que fazer? Talvez não fosse a coisa mais fácil de ser feita, ou o que você realmente queria fazer na situação, mas era o que parecia certo, no fundo? Isso é o seu *self* sábio.

Todos nós temos essa sabedoria e a usamos regularmente, mesmo que às vezes não pareça. Alguns exemplos de ações a partir do seu *self* sábio incluem: ficar irritado com seus pais sobre o horário de voltar para casa, mas parar de discutir por saber que eles poderiam dizer que você nem mesmo pode sair; estar em uma festa e alguém oferecer a você drogas ou álcool, mas recusar porque vai contra o que você acredita; ter vontade de faltar à aula, mas decidir ir porque não quer ficar muito atrasado no conteúdo. Você consegue pensar em algumas ocasiões em que agiu a partir dessa perspectiva? Anote-as aqui, pedindo ajuda a alguém de confiança, se necessário.

____

____

____

____

____

____

____

Pode ser útil ter um *atalho* para cada um desses estados — pessoas que representem essas diferentes perspectivas de pensamento para você: uma pessoa racional, uma pessoa emocional e uma pessoa sábia. Assim, quando você estiver lidando com uma situação difícil, pode trazê-las à mente para ajudá-lo a descobrir a partir de qual perspectiva está pensando e chegar a uma perspectiva mais equilibrada. Por exemplo, você poderia se perguntar *"O que a minha mãe faria?"* se ela representar essa sabedoria interna. Considere quem poderia representar essas diferentes perspectivas para você; pode ser um ator, um atleta, uma figura política ou religiosa ou alguém em sua própria vida, como um membro da família, um amigo, um mentor, um pastor, um treinador ou um professor. Escreva suas respostas a seguir.

Racional: ________________________________

Emocional: ______________________________

Sábio: __________________________________

13 *Self* racional, emocional ou sábio?

Para cada uma das histórias a seguir, tente determinar qual forma de pensar está sendo retratada — *self* racional, *self* emocional ou *self* sábio — e circule a mais apropriada. Uma lista de respostas é fornecida no final do livro.

1. Tânia estava em uma festa quando um amigo lhe passou uma garrafa de cerveja. Ela pensou: *"Todo mundo está bebendo. Será que vão me aceitar se eu não beber?"*. Então, lembrou-se de que tinha uma prova importante na segunda-feira; percebeu que não estudaria bem no dia seguinte se ficasse bêbada naquela noite, então disse: "Não, obrigada".

   Self racional | *Self* emocional | *Self* sábio

2. Tiago estava muito nervoso para convidar Jéssica para o baile de formatura, mas criou coragem e a convidou mesmo assim. Quando ela não aceitou, ele ficou devastado inicialmente, mas depois pensou consigo mesmo: *"Tanto faz. É melhor assim, porque eu realmente só posso pagar um ingresso"*.

   Self racional | *Self* emocional | *Self* sábio

3. Mariana estava muito irritada com seus pais porque eles não a deixaram acampar com seus amigos neste fim de semana. Ela pediu novamente perto do final da semana, mas eles não mudaram de ideia. Ela ficou tão decepcionada e frustrada que começou a gritar com os pais, dizendo que os odiava.

   Self racional | *Self* emocional | *Self* sábio

4. Rafael frequentemente se preocupava em se enquadrar aos colegas na escola, o que dificultava sua socialização. Um dia, ele decidiu que era hora de dar um basta: simplesmente iria começar a fazer isso de qualquer maneira. Ele sabia que sempre se divertia quando passava um tempo com amigos, então abordou um grupo de pessoas na escola e se juntou à conversa, mesmo sentindo-se ansioso.

   Self racional | *Self* emocional | *Self* sábio

5. Catarina estava fazendo uma prova de português. Embora sentisse que estava indo razoavelmente bem, decidiu incluir alguns fatos extras, como a data e o local de nascimento de Shakespeare, achando que poderia ganhar alguns pontos adicionais.

   Self racional | *Self* emocional | *Self* sábio

6. João estava brincando com seu *skate* na escola quando notou que era observado por um grupo de adolescentes. Ele queria impressioná-las, então decidiu tentar uma manobra realmente difícil nas escadas para parecer bom, mesmo não tendo certeza se conseguiria aterrissar.

   Self racional   *Self* emocional   *Self* sábio

14 Seu modo típico de pensar

Agora que você tem uma melhor compreensão dessas três formas diferentes de pensar sobre as coisas, é importante começar a usar essas habilidades em sua própria vida. O primeiro passo é avaliar seus padrões no presente. Você pode descobrir que age a partir de mais de uma dessas perspectivas, dependendo da situação e das pessoas com quem está lidando. Marque as alternativas a seguir que você acha que se aplicam a você com mais frequência, para ajudá-lo a determinar se você tende a pensar mais a partir de uma dessas perspectivas do que das outras.

Sou muito racional?

- ☐ Frequentemente ignoro minhas emoções ao tomar uma decisão.
- ☐ Geralmente tenho razões lógicas para as coisas que faço.
- ☐ Muitas vezes não estou ciente das emoções que estou sentindo.
- ☐ Sinto-me mais confortável falando sobre fatos do que sobre emoções.

Sou comandado pelas minhas emoções?

- ☐ Frequentemente ajo por impulso; por exemplo, dizendo ou fazendo coisas das quais me arrependo depois.
- ☐ Regularmente me encontro em situações de crise, em que minhas emoções estão realmente intensas e tenho dificuldade de pensar com clareza.
- ☐ Costumo tomar decisões baseadas apenas em como me sinto em relação a uma situação.
- ☐ Tenho tendência a questionar minhas decisões depois de tomá-las, preocupando-me se fiz a escolha certa ou não.

Costumo ser sábio?

- ☐ Geralmente levo em consideração tanto a lógica quanto as emoções ao tomar uma decisão.
- ☐ Frequentemente me sinto calmo e em paz depois de tomar uma decisão sobre a qual refleti por algum tempo.
- ☐ Sinto-me, na maioria das vezes, confortável em me permitir sentir minhas emoções.
- ☐ Frequentemente ajo de maneiras que me movem em direção às minhas metas de longo prazo.

Agora some suas marcações para cada categoria e veja se você se encaixa predominantemente em uma ou outra — pode ser que sim, pode ser que não.

É muito importante começar a ter mais consciência sobre qual estilo de pensamento você utiliza, pois isso o ajudará a fazer mudanças eficazes em sua vida. Nos próximos dias, tente estar mais atento à perspectiva a partir da qual você está pensando: *self* racional, *self* emocional ou *self* sábio. Este exercício de *mindfulness* trata apenas de aumentar a sua consciência, então você não precisa anotar nada — mas é importante, porque você não pode fazer nada para mudar seu estilo de pensamento até perceber qual deles está usando.

Se tiver dificuldade para lembrar-se de fazer essa verificação, considere algumas maneiras de ajudá-lo a lembrar: coloque notas adesivas em seu espelho ou no espelho do banheiro; escreva notas para si mesmo em seu diário ou agenda; faça um cartaz que você possa colocar na geladeira ou no seu armário na escola; coloque um lembrete diário recorrente no seu celular. Faça o que for necessário para se lembrar de fazer a pergunta: *"Estou pensando a partir do meu* self *racional, do meu* self *emocional ou do meu* self *sábio?"*.

Além de aumentar sua consciência, é claro, é importante praticar! Como você pratica aumentar sua sabedoria? Aqui estão algumas atividades para tentar. Escolha uma que se encaixe melhor para você — ou sinta-se à vontade para criar a sua própria — e pratique-a regularmente em situações cotidianas, fora de qualquer situação de problema. Isso tornará mais provável que você consiga acessar essa parte sábia de si mesmo quando surgirem problemas e as emoções se tornarem mais intensas.

1. Pergunte a si mesmo: *"O que meu* self *sábio me diz?"*, ou imagine a pessoa que representa sua pessoa sábia e pergunte a si mesmo: *"O que minha pessoa sábia faria ou diria nesta situação?"*. Então, ouça em silêncio e veja se obtém uma resposta. Pode ser útil fechar os olhos enquanto faz isso.
2. Pratique um exercício de respiração para acessar o seu *self* sábio. Aqui está um para ajudá-lo a chegar a esse lugar equilibrado: enquanto inspira lenta e profundamente, diga a si mesmo as palavras *"Chegue a..."*; enquanto expira lentamente, adicione as palavras *"meu* self *sábio"*. Continue fazendo isso por alguns minutos. Perceba quando sua mente se desviar da respiração e desse mantra, aceite isso e traga sua atenção de volta. Você pode mudar essas palavras se outras se encaixarem melhor para você.
3. Usando sua imaginação, pratique acessar seu *self* sábio voltando-se para dentro e indo a um lugar que, de alguma forma, ressoe para você. Muitas pessoas sentem que têm um lugar sábio dentro delas — às vezes perto do coração, às vezes na área de onde vêm nossas respirações profundas. Você pode criar uma imagem em sua mente de seu próprio lugar sábio, de conhecimento, e imaginar-se voltando-se para dentro, indo até lá.

Lembre-se que isso deve ser confortável para você, então experimente essas e outras práticas que você mesmo pode criar. Se isso for difícil no início, e você não tiver certeza se está acessando seu *self* sábio, pode também querer perguntar a alguém (como à sua pessoa sábia) se você está agindo a partir do seu *self* racional, emocional ou sábio.

SUA SAÚDE FÍSICA PODE AFETAR SEU ESTILO DE PENSAMENTO

Acredite ou não, a maneira como você trata seu corpo pode influenciar no quanto você se encontra preso em seu *self* emocional, sendo controlado por suas emoções (Linehan, 1993). Leia as histórias a seguir, que demonstram como vários aspectos de sua saúde física podem dificultar o gerenciamento de suas emoções. Depois, responda às perguntas na Atividade 15 para ajudá-lo a avaliar em quais dessas áreas você precisa trabalhar.

SONO

Anthony vinha tendo problemas com seu humor desde o segundo ano do ensino médio. Às vezes, ele se sentia muito para baixo e ficava bastante ansioso, especialmente em situações sociais. Em seu último ano do ensino médio, a pressão parecia realmente afetá-lo. Ele chegava da escola e dormia até a hora do jantar, assistia à televisão ou jogava *videogame* depois do jantar e depois voltava para a cama. Sentia-se constantemente cansado e simplesmente não conseguia dormir o suficiente. Nos fins de semana, ele acordava no final da manhã, ou até mesmo no início da tarde, e tentava fazer algum trabalho escolar, mas se sentia muito exausto para se concentrar e acabava voltando para a cama.

Jonathan também lutava com suas emoções, frequentemente sentindo raiva e tristeza. Ao contrário de Anthony, porém, Jonathan não dormia o suficiente. Ele era bastante disciplinado em seus estudos, chegando em casa após a escola ou o treino de hóquei à noite e indo direto para o quarto estudar até a hora do jantar. Após o jantar, estudava mais um pouco e depois reservava um tempo para si mesmo — jogava *videogame*, conversava *on-line* com amigos ou apenas assistia à televisão. Ele frequentemente ficava acordado até depois da meia-noite e se levantava às sete horas da manhã seguinte para se preparar para a escola. Jonathan estava constantemente cansado, mas ignorava sua fadiga, porque havia muito a ser feito; o que ele não reconhecia era que a falta de sono também o estava desgastando emocionalmente.

Tanto Anthony quanto Jonathan estão tendo problemas para equilibrar seu sono. Dormir demais ou de menos pode aumentar o tempo que você passa em seu *self* emocional e afetar sua capacidade de gerenciar suas emoções.

ALIMENTAÇÃO

Bruna sabia que tinha um problema com a alimentação. Às vezes, ela podia passar dias sem comer quase nada; em outras ocasiões, encontrava-se comendo grandes quantidades de comida e sentia-se fora de controle. Quando não comia muito, Bruna notava que se sentia muito cansada, sem energia e mais propensa a explodir com as pessoas por pequenas coisas. Quando comia demais, ficava muito descontente consigo mesma e acabava se sentindo bastante deprimida.

Equilibrar seus hábitos alimentares também é muito útil para melhorar sua capacidade de gerenciar emoções. Como Bruna descobriu, comer demais ou de menos geralmente leva você a agir a partir do seu *self* emocional com mais frequência.

TRATANDO DOENÇAS FÍSICAS

Jonas foi diagnosticado com diabetes aos 14 anos. Ele teve dificuldade em aceitar esse diagnóstico, pois sentia que isso o tornava diferente. A doença também era inconveniente; ele deveria verificar sua glicemia quatro vezes ao dia e aplicar insulina regularmente. Era difícil encontrar tempo para fazer o que precisava para tratar seu diabetes, especialmente porque não queria que seus amigos soubessem e tentava mantê-lo em segredo. Isso significava que frequentemente deixava de verificar sua glicemia e, às vezes, até perdia o horário de aplicar doses de insulina. Jonas foi informado de que isso não era seguro e poderia levar a problemas graves de saúde; ele notava que às vezes ficava tonto, tinha dificuldade para se concentrar e ficava irritadiço, mas só queria ser como todo mundo.

Muitas pessoas desenvolvem problemas de saúde, como diabetes ou asma, ainda jovens. Às vezes, as pessoas sofrem lesões que causam dor crônica ou outros problemas que também precisam ser tratados. Se você tem qualquer tipo de doença física ou dor, é extremamente importante que a trate conforme as orientações do seu médico. Não fazer isso pode lhe causar mais problemas de saúde e resultar em mais emoções — assim como Jonas ficava mais irritável quando não tomava sua insulina. Gerenciar quaisquer problemas de saúde física que você tenha também ajudará a gerenciar suas emoções.

EXERCÍCIO FÍSICO

Luísa foi diagnosticada com depressão e ansiedade aos 15 anos. Seu médico sugeriu que ela primeiro tentasse fazer algumas mudanças em seu estilo de vida, em vez de tomar medicamentos para ajudar com esses problemas. Uma das mudanças que o médico de Luísa enfatizou foi que ela se exercitasse mais, dizendo-lhe que o exercício é, na verdade, um antidepressivo natural, produzindo substâncias químicas cerebrais que nos ajudam a sentirmo-nos bem. Luísa não era muito adepta a exercícios, mas decidiu que, se podia, preferia evitar tomar a medicação, então resolveu tentar. Ela começou fazendo caminhadas três vezes por semana, por cerca de 15 minutos por dia, e gradualmente aumentou para caminhadas de 45 minutos, de quatro a seis vezes por semana. Luísa descobriu que esse exercício a ajudava mesmo a se sentir melhor e que ela realmente gostava das caminhadas e da pausa que elas lhe proporcionavam de estar em casa fazendo lições de casa ou tarefas domésticas.

O exercício físico nem sempre pode substituir a medicação, mas certamente o ajuda a se sentir melhor. Todos sabemos que o exercício é bom para nós fisicamente. Mas, como Luísa descobriu, o exercício também pode melhorar seu humor e diminuir sua ansiedade. Para pessoas com problemas de raiva, o exercício também é uma ótima válvula de escape e, em geral, aumenta sua capacidade de gerenciar suas emoções de maneiras mais saudáveis.

DROGAS E ÁLCOOL

Rodrigo começou a beber em festas com seus amigos quando tinha cerca de 17 anos. Ele não achava que fosse grande coisa — o álcool era legal, mesmo que ele estivesse abaixo da idade legal para beber. Todo mundo bebia — seus pais, seu irmão mais velho — e Rodrigo era responsável quando bebia, sempre garantindo que tivesse uma carona para casa. No entanto, o que Rodrigo começou a notar foi que, toda vez que bebia, ficava mais temperamental por alguns dias — em um minuto estava bem, no outro estava brigando com alguém por algo relativamente pequeno. Rodrigo decidiu parar de beber para ver se isso fazia diferença em seu humor, e descobriu que ficava muito menos irritável quando não bebia.

Drogas e álcool são conhecidos como substâncias que alteram o humor, e se você as usa, não tem controle sobre como seu estado emocional é alterado; você pode notar que sua experiência varia de vez em quando, e que muitas vezes não é a mesma da vez anterior. Você também pode notar que, enquanto está usando, tende a agir por impulso com mais frequência e tem mais probabilidade de tomar decisões não tão sábias — como dirigir enquanto está sob o efeito de alguma substância ou se envolver em outras situações perigosas. Como Rodrigo percebeu, parar de usar esse tipo de substância aumenta sua capacidade de gerenciar a si mesmo e suas emoções.

15 Mudanças no estilo de vida que você pode fazer para reduzir emoções

Certas coisas que você faz em sua rotina diária podem estar aumentando o tempo que você passa em seu *self* emocional. Responda às seguintes perguntas para determinar em qual área (ou áreas) você precisa trabalhar. Pense com calma sobre quais tipos de mudanças você pode começar a fazer imediatamente para aumentar sua capacidade de gerenciar emoções.

Sono

Aproximadamente quantas horas você dorme por noite? ______________________

Você geralmente se sente descansado ao acordar? ______________________

Você costuma tirar uma soneca à tarde? Se sim, por quanto tempo? ______________________

Depois da soneca, geralmente se sente melhor ou pior? ______________________

Você ingere substâncias que podem estar interferindo em sua capacidade de dormir bem, como cafeína ou outros estimulantes (p. ex., café, chá, bebidas energéticas, pílulas de cafeína, pílulas de dieta)? ______________________

Você usa seu celular ou outro dispositivo até a hora de dormir? ______________________

Com base em suas respostas anteriores, e tendo em mente que dormir demais ou de menos geralmente deixa você se sentindo letárgico e preguiçoso, você acha que precisa aumentar ou diminuir o tempo que está dormindo? ______________________

Se você identificou isso como uma área a ser trabalhada, qual pequeno passo você pode dar para começar a trabalhar em direção a esse objetivo? (P. ex., se você precisa aumentar suas horas de sono, poderia estabelecer uma meta de ir para a cama meia hora mais cedo hoje à noite, depois se esforçar para chegar a uma hora; ou você pode identificar que precisa reduzir ou eliminar a cafeína para ajudá-lo a dormir melhor. Lembre-se de que a tecnologia também deve ser desligada pelo menos 30 minutos antes de dormir para contribuir para um sono melhor.) ______________________

Alimentação

Você faz três refeições e come alguns lanches todos os dias? ______________________

Suas refeições e lanches tendem a ser saudáveis? ______________________

Você se pega comendo apenas porque tem vontade — talvez por tédio ou porque está sentindo uma emoção dolorosa, como tristeza? ______________________

Você se pega não comendo para poder perder peso ou para se sentir mais no controle? ______________________

Às vezes, as pessoas desenvolvem problemas com a alimentação para os quais precisam buscar ajuda profissional. Se você sente que tem um problema alimentar e não consegue gerenciá-lo sozinho, por favor, fale com alguém em quem confia. Se este não for o caso, mas você identificou a alimentação como uma área em que deve trabalhar, qual pequeno passo você pode dar para começar a trabalhar em direção a esse objetivo? (P. ex., se atualmente você come apenas uma refeição por dia, poderia estabelecer uma meta de começar a comer um pouco no café da manhã e ir aumentando gradualmente.) ______________________

Tratando doenças físicas

Você tem alguma doença física que requer medicação ou outro tipo de tratamento, como fisioterapia? Se sim, você toma sua medicação ou segue as orientações do seu médico para o tratamento? ______________________

Se você identificou isso como uma área a ser trabalhada, qual pequeno passo você pode dar para começar a trabalhar em direção a esse objetivo? (P. ex., você pode aprender mais sobre sua doença para entender por que a medicação ou o tratamento é necessário.) ______________________

Exercício físico

Você atualmente faz algum tipo de exercício? Se sim, com que frequência e por quanto tempo? ____________________

Lembre-se de que, se você tiver qualquer tipo de problema de saúde, deve consultar seu médico antes de iniciar uma rotina de exercícios. Se você identificou isso como uma área a ser trabalhada, qual pequeno passo você pode dar para começar a trabalhar em direção a esse objetivo? (P. ex., se atualmente você se exercita uma ou duas vezes por semana durante 15 minutos, pode aumentar a frequência para três vezes por semana e seguir aumentando-a gradualmente.) ____________________

Drogas e álcool

Você atualmente bebe álcool ou usa drogas ilícitas? Se sim, com que frequência? (Se você se sentir desconfortável em escrever essas informações aqui, pode fazê-lo em uma folha de papel separada ou simplesmente pensar a respeito.) ____________________

Você vê esse uso causando problemas para você na escola, no trabalho, nos relacionamentos ou em qualquer outro aspecto da sua vida? ____________________

Alguém em sua vida já lhe disse que seu consumo de álcool ou drogas é um problema? ____________________

Quando você usa drogas ou álcool, tende a tomar decisões ruins ou a se comportar de maneiras das quais se arrepende depois? ____________________

Você se vê recorrendo a drogas ou álcool para lidar com suas emoções? ____________________

Se você identificou isso como uma área a ser trabalhada, qual pequeno passo você pode dar para começar a trabalhar em direção a esse objetivo? (P. ex., se o álcool é um problema, você pode estabelecer uma meta de beber apenas uma noite no fim de semana — em vez de duas — e diminuir seu consumo a partir daí. Se você acha que esse problema é difícil de lidar sozinho, pode estabelecer uma meta de procurar grupos de Alcoólicos Anônimos para jovens ou de pedir ajuda a alguém em quem confia.) ____________________

SENDO EFICAZ

Esta e a próxima seção focarão em algumas habilidades que podem ajudá-lo a avançar em direção às suas metas de longo prazo.

Nossas metas podem facilmente se perder quando agimos a partir do nosso *self* emocional: por impulso, fazendo o que *nos faz sentir bem* em vez daquilo que será mais útil ou mais saudável para nós em longo prazo. Por exemplo, você sente que seu professor de matemática não está lhe tratando de forma justa, lhe dando notas mais baixas do que você merece. Um dia, você fica tão irritado que responde dizendo coisas ofensivas ao seu professor, para se vingar da raiva que ele lhe causou, e sai tempestuosamente da sala. Isso pode parecer bom no momento, mas qual você acha que será o resultado? É provável que você receba uma detenção ou algum outro tipo de punição por ser desrespeitoso, e é pouco provável que seu professor olhe para você com mais simpatia ao corrigir suas provas no futuro. Este é um exemplo de ser *ineficaz* — seu comportamento (de agir por impulso) pode ter sido satisfatório em curto prazo (pode ter sido bom gritar com seu professor), mas também tornou mais difícil para você alcançar suas metas de longo prazo.

Você consegue pensar em momentos em que foi ineficaz? Escreva algumas situações aqui:

____

____

____

____

Agora que você pode se relacionar com o que significa ser ineficaz, vamos ver como você poderia ser mais eficaz. A habilidade da DBT de ser *eficaz* trata de agir a partir do seu *self* sábio — não agir por impulso ou apenas fazendo o que se sente bem, mas, em vez disso, avaliar o que você pode fazer para se aproximar de suas metas de longo prazo ou fazer o que precisa para atender às suas necessidades (Linehan, 1993).

Para ser eficaz, primeiro você precisa descobrir quais são suas metas. Uma vez que determine qual é sua meta de longo prazo em uma situação, você precisa considerar o que pode fazer que possa aproximá-lo dessa meta. Tenha em mente que agir de forma eficaz não garante que você conseguirá o que deseja em uma situação. Se estiver agindo de forma hábil, suas chances de conseguir o que quer melhorarão, é claro, mas habilidades não são garantias! Vamos olhar para um exemplo para ajudá-lo a entender a habilidade de ser eficaz.

A HISTÓRIA DE CARLOS

Carlos tinha um plano. Ele iria para a faculdade com uma bolsa de estudos de beisebol, se tornaria médico e seria capaz de dar suporte financeiro à sua mãe, que tinha feito tanto por ele desde que seu pai havia partido, anos atrás. Esse era o plano desde que ele tinha 14 anos.

Agora ele tinha 17 e as coisas estavam no caminho certo — suas notas eram boas, e ele estava sendo observado por algumas das melhores universidades. Mas Carlos estava sob muita pressão. Se ele não conseguisse uma bolsa de estudos, não havia como sua mãe poder pagar para mandá-lo para a faculdade, mesmo com ela trabalhando em dois empregos há anos, tentando economizar dinheiro para a educação dele.

Um dia, no treino de beisebol, o treinador de Carlos estava pressionando-o demais, e o garoto explodiu. Ele começou a gritar de volta e quase entrou em luta corporal com o treinador, o que acabou resultando em sua suspensão do treino. Foi dito a ele que não poderia voltar até que tivesse feito algumas aulas de controle da raiva. Carlos achou isso ridículo: ele não tinha problemas de raiva; era culpa do treinador por pressioná-lo demais. No entanto, Carlos sabia que estava muito perto de receber uma bolsa de estudos, e isso poderia arruinar suas chances. Ele concordou com as aulas mesmo achando que não eram necessárias, e foi autorizado a voltar ao treino antes que fosse tarde demais.

Então, o que você acha da história de Carlos? Talvez você pense que não foi justo ou que Carlos não deveria ter cedido. Bem, Carlos foi eficaz. Provavelmente teria sido muito melhor para ele se dissesse ao treinador o que pensava e recusasse as aulas de controle da raiva, mas ele reconheceu que fazer isso não o aproximaria de sua meta de longo prazo e, na verdade, prejudicaria suas chances de alcançá-la. Então Carlos fez o que tinha de fazer para continuar avançando em direção à sua meta.

Uma coisa que frequentemente nos atrapalha em sermos eficazes são nossos pensamentos sobre uma situação. Muitas vezes reagimos a como achamos que uma situação *deveria ser*, em vez de a como ela *realmente é*. Olhando para o exemplo anterior, talvez pense que seu professor de matemática não tem tratado você de forma justa, então por que você não deveria dizer a ele como realmente se sente? Um outro exemplo: seus pais estabeleceram seu horário de voltar para casa às nove horas, mas é fim de semana e você está com um amigo que seus pais conhecem bem, então você pensa: *"Isso é bobagem. Eu não preciso estar em casa às nove"*. Você fica fora até mais tarde e é punido por seus pais quando chega em casa depois do horário. Estes são exemplos de como não respondemos à realidade da situação em si, mas sim a como achamos que a situação deveria ser (Linehan, 1993).

Então, para ser eficaz em uma situação, você tem que usar seu *self* sábio. Faz sentido que você fique com raiva se estiver sendo tratado injustamente por um professor, mas em vez de deixar essa raiva controlar suas ações — gritando com seu professor e saindo da sala —, você precisa trazer seus outros estilos de pensamento. Seu *self* racional, por exemplo, pode fazê-lo pensar sobre o fato de que se você receber uma detenção na escola, não poderá ir fazer o teste para a peça de teatro. Isso o ajudará a chegar ao seu *self* sábio, a descobrir qual é seu objetivo e a pensar no que pode fazer para agir em seu próprio interesse; por exemplo, você pode pensar: *"Estou com raiva de como fui tratado pelo meu professor de matemática, mas não quero receber uma detenção. Quero que ele esteja mais disposto a me dar as notas que acho que mereço no futuro"*.

16 Como ser mais eficaz

Agora é sua vez de pensar em maneiras de ser mais eficaz. Pense em uma situação atual, passada ou futura na qual você poderia praticar ser eficaz. Considere as perguntas a seguir para descobrir o que você pode fazer (ou o que poderia ter feito diferente) para ajudá-lo a atender às suas necessidades nesta situação.

Descreva a situação: ______________________________

____

Quais são seus pensamentos e suas emoções sobre essa situação? ______________

____

O que seu *self* emocional está lhe dizendo para fazer nessa situação? Em outras palavras, o que você gostaria de fazer que poderia lhe trazer uma sensação de satisfação, mas provavelmente seria ineficaz?

Qual meta (ou metas) de longo prazo você tem nessa situação?

O que seria eficaz a fazer nessa situação? Em outras palavras, o que você poderia fazer para aumentar suas chances de atingir sua(s) meta(s) de longo prazo?

Se você tiver dificuldade com este exercício, tente se perguntar o que diria a um amigo que estivesse em uma situação semelhante ou o que sua pessoa sábia faria. Você também pode pedir ajuda a alguém em quem confia.

AÇÃO OPOSTA AOS IMPULSOS DE AÇÃO

Agora, vamos examinar outra habilidade que pode ajudá-lo a gerenciar suas emoções de forma mais eficaz: *ação* oposta aos impulsos de ação. Isso significa fazer o contrário do que seu *self* emocional lhe diz para fazer quando estiver experimentando uma emoção forte. Por exemplo, quando você sente raiva, seu impulso pode ser atacar, verbal ou fisicamente. Quando se sente triste ou deprimido, seu impulso pode ser isolar-se ou esconder-se dos outros. E quando se sente ansioso ou amedrontado, é provável que queira evitar ou fugir do que está causando o temor. Muitas vezes, você segue impulsos como esses porque está pensando a partir do seu *self* emocional e parece ser a coisa certa a fazer. Mas se você parasse e olhasse para a situação a partir do seu *self* sábio, veria que agir de acordo com esses impulsos geralmente não é do seu melhor interesse. Na verdade, fazer isso costuma apenas intensificar a emoção que você está experimentando. Por exemplo, se você ataca verbalmente a pessoa da qual sente raiva, você na verdade está alimentando a sua raiva e, provavelmente, não agindo de uma maneira que seja consistente com seus valores, o que pode desencadear pensamentos negativos e emoções dolorosas em relação a si mesmo mais tarde (Van Dijk, 2009). Da mesma forma, se você se esconde dos outros quando está se sentindo triste, acaba se sentindo mais sozinho e desconectado, o que intensifica sua tristeza. E evitar situações que lhe deixam ansioso acaba aumentando sua ansiedade em longo prazo, além de desencadear outras emoções, como tristeza e frustração, por você não poder fazer as coisas que gostaria de fazer.

Agir de forma oposta ao seu impulso é exatamente o que parece ser — primeiro você identifica o impulso que está ligado à sua emoção, e então faz o oposto. Mas a ação oposta aos impulsos de ação é uma habilidade usada apenas quando uma emoção não é justificada, ou quando não é eficaz para você continuar sentindo essa emoção. Como discutimos anteriormente, as emoções servem a um propósito. Se você identifica que *deveria* estar sentindo medo agora, porque há um carro em alta velocidade vindo em sua direção enquanto você está atravessando a rua, por favor, faça o que o medo está lhe dizendo para fazer: corra para se manter seguro! Mas quando uma emoção já veio e entregou sua mensagem — em outras palavras, quando você sabe como se sente sobre uma situação e está pronto para fazer algo a respeito —, então emoções fortes podem atrapalhar sua capacidade de agir de forma eficaz. Quando uma emoção permanece intensa, é difícil chegar ao seu *self* sábio e agir de maneiras saudáveis e úteis para si mesmo. Por exemplo, se você está realmente sentindo raiva de alguém, a intensidade da raiva pode dificultar que você tenha uma conversa produtiva com essa pessoa. Ou ainda, se você está se sentindo ansioso sobre ir a uma festa, a intensidade da sua ansiedade pode atrapalhar você de conhecer novas pessoas e se divertir. Dessa forma, o que se deve ter em mente sobre essa habilidade é que se a emoção que você está experimentando *não é* justificada pela situação, ou se ela não é mais útil e você quer reduzi-la, então aja de forma oposta ao seu impulso. Observe o seguinte quadro para ver o que ação oposta aos impulsos de ação significa para diferentes emoções.

Emoção	Quando é justificada?	Impulso	Como agir de forma oposta?
Raiva	Quando há algo atrapalhando nosso caminho, nos impedindo de alcançar uma meta Quando nós ou alguém de quem gostamos está sendo atacado, ameaçado, insultado ou machucado por outros	Atacar, agredir alguém ou algo, física ou verbalmente Julgar a pessoa ou situação pela qual você está sentindo raiva	Seja respeitoso ou civilizado (se isso parecer muito difícil, evite gentilmente a pessoa ou a situação) Mude julgamentos para pensamentos não julgadores, de aceitação
Tristeza	Quando as coisas não são como esperávamos que fossem ou quando experimentamos algum tipo de perda	Esconder-se dos outros, desconectar-se, isolar-se Parar de fazer suas atividades regulares	Entre em contato e se conecte com os outros Reengaje-se em suas atividades usuais
Medo ou ansiedade	Quando há uma ameaça à nossa segurança ou ao nosso bem-estar ou ao de alguém de quem gostamos	Evitar o que está causando o medo ou a ansiedade Escapar ou sair da situação que está causando o medo ou a ansiedade	Enfrente a situação ou a pessoa que está causando o medo ou a ansiedade Fique na situação
Culpa	Quando fazemos algo que vai contra nossos valores	Parar o comportamento que causa a culpa; fazer reparação (pedir desculpas)	Continue o comportamento; não peça desculpas ou tente reparar de outras maneiras

Emoção	Quando é justificada?	Impulso	Como agir de forma oposta?
Vergonha	Quando fazemos algo que fará com que sejamos rejeitados por pessoas de quem gostamos	Esconder-se dos outros, desconectar-se e isolar-se	Encontre pessoas que você se sente confiante de que aceitarão e apoiarão você; conecte-se; compartilhe do que você sente vergonha
	Quando há algo sobre nós (uma característica pessoal) que faria com que outros nos rejeitassem se descobrissem	Julgar-se	Mude autojulgamentos para afirmações não julgadoras; aceite radicalmente; pratique autovalidação
Amor	Quando amamos alguém ou algo que faz coisas ou tem qualidades que valorizamos ou admiramos Quando nosso amor melhora a qualidade de nossa vida (ou a daqueles de quem gostamos) Quando nosso amor aumenta nossas chances de alcançar nossas próprias metas pessoais	Buscar conexão com a pessoa que você ama; se aproximar	Evite conexão com a pessoa que você ama; não aja de acordo com o impulso de se aproximar

Pense novamente no exemplo de Carlos. Ele estava com raiva por ter que fazer aulas de controle da raiva. Se essa raiva intensa tivesse simplesmente permanecido, teria dificultado que Carlos tomasse uma decisão sábia e agisse de maneira eficaz. Fazer uma ação oposta aos seus impulsos de ação ajuda a diminuir a intensidade da emoção para que você possa chegar à sua mente sábia e agir de maneiras que serão mais eficazes para você.

Uma coisa que você precisa saber sobre usar essa habilidade com a raiva e a vergonha é que essas emoções não vêm apenas com um impulso comportamental — em outras palavras, elas não afetam apenas suas ações. Essas emoções também afetam seus pensamentos sobre uma situação ou uma pessoa, geralmente na forma de julgamentos (Linehan, 1993). Assim, se está tentando fazer uma ação oposta à raiva ou à vergonha, você precisa *agir* e *pensar* de forma oposta, ou pensar de uma maneira não julgadora. Vamos olhar mais para essa habilidade no próximo capítulo. Por enquanto, apenas lembre-se de que a raiva e a vergonha se manifestam não apenas em seu comportamento, mas também em seus pensamentos.

SOBRE CULPA E VERGONHA

No Capítulo 2, você aprendeu sobre algumas das emoções mais dolorosas que experimentamos, incluindo culpa e vergonha. Estas últimas frequentemente se parecem muito e geralmente surgem juntas, então é fácil confundi-las; no entanto, são bastante diferentes, e é importante aprender a distingui-las. Lembre-se de que a culpa é a emoção que sentimos, justificadamente, quando fazemos algo que vai contra nossos valores; ela nos impede de repetir esse comportamento (ou de continuá-lo) e nos leva a tentar reparar o dano que causamos.

A vergonha, por outro lado, é justificada quando fazemos algo, ou quando há algo pessoal sobre nós, que poderia fazer com que fôssemos rejeitados pelos outros caso descobrissem isso; é a emoção que nos protege, mantendo-nos em silêncio sobre um comportamento ou uma característica pessoal, para nos mantermos conectados a pessoas que são importantes para nós. O problema é que muitos de nós experimentamos essas emoções mesmo quando não fizemos nada pelo que deveríamos nos sentir culpados ou envergonhados. Isso já aconteceu com você?

Muitas pessoas se sentem culpadas quando não estão fazendo nada que considerem produtivo — em outras palavras, quando estão fazendo coisas relaxantes ou apenas tirando um tempo para cuidar de si mesmas. Algumas pessoas se sentem culpadas por pensar em certas coisas ou experimentar certas emoções — ou até pelos sonhos que têm à noite! Nenhum destes são comportamentos pelos quais você deva se sentir culpado. Se você pegar algo que não lhe pertence ou tratar alguém de maneira ofensiva ou desrespeitosa, então, sim, é justificado sentir-se culpado. Lembre-se: essa emoção nos diz que agimos de uma maneira que nossa consciência desaprova. Se este for o caso, então você precisa parar o comportamento e talvez reparar os danos. Mas se você não agiu de uma maneira que vai contra seus valores, continuar engajando-se nesse comportamento fará a culpa gradualmente se dissipar.

Sentir vergonha é justificado se pegamos algo que não nos pertence; se machucamos alguém de propósito; ou se fazemos algo que vai contra as normas sociais, como beber e dirigir – a vergonha é um sentimento tão forte e desconfortável que geralmente nos impede de fazer tais coisas (e esta é também uma função dessa emoção). Mas há situações em que a vergonha pode ser um pouco mais complicada que isso. Veja este exemplo: Liz cresceu sabendo que se sentia atraída por outras garotas, não por garotos. Quando iniciou o ensino médio, alguém começou a dizer a todos que Liz era lésbica, mesmo que ela não tivesse falado a respeito nem para seus amigos mais próximos. Liz pensava que tinha que manter isso em segredo, porque acreditava que havia pessoas em sua cidade pequena e religiosa que não aceitavam quem era "diferente". Assim, quando começaram a dizer que ela era lésbica, Liz negou; mesmo estando confortável com sua própria sexualidade, ela acreditava que os outros provavelmente não a aceitariam, optando por mantê-la em segredo.

Nessa situação, a vergonha fez Liz se sentir protegida ao manter seu segredo, o que permitiu que ela permanecesse conectada às pessoas que eram importantes para ela, mas que, pensava, poderiam tê-la rejeitado se soubessem a verdade. A propósito, se Liz soubesse que esses amigos *não* a rejeitariam como ela imaginava que fariam, a vergonha não seria justificada, e Liz compartilharia sua verdade com seus amigos. Ou, ainda, se ela decidisse encontrar uma comunidade em que pensasse que seria aceita (p. ex., um grupo LGBTQIAPN+), em que pudesse ter certeza de não ser rejeitada, a vergonha não seria justificada. A conexão é o que nos ajuda a reduzir a vergonha, enquanto ficar em silêncio e manter algo em segredo é o que a faz crescer mais forte (Brown, 2012).

O autojulgamento também contribui para emoções de vergonha. Se Liz estivesse se julgando como *defeituosa, sem valor* ou *estranha*, por exemplo, isso teria aumentado a emoção dolorosa de vergonha, impedindo-a ainda mais de pensar que poderia se conectar com os outros e compartilhar seu segredo. Então, um outro meio para reduzir a vergonha é praticar não julgar a si mesmo. Novamente, com culpa e vergonha, se você fez algo que vai contra seus valores, pare o comportamento e repare os danos se precisar. Mas se seu comportamento não é algo com o que você deva se sentir culpado ou envergonhado, as emoções dolorosas diminuirão lentamente com o tempo se você continuar a se engajar em tal comportamento e a se conectar com outros em relação a esse comportamento ou essa característica sua.

Às vezes, as pessoas pensam que ação oposta aos seus impulsos de ação significa ter que reprimir suas emoções ou fingir que não as está experimentando; com raiva, por exemplo, elas deveriam fingir que não estão com raiva e ser gentis umas com as outras. Não é esse o caso! Reprimir suas emoções nunca é eficaz — isso piora as coisas e torna mais difícil para você gerenciá-las. Ação oposta aos impulsos de ação é uma habilidade usada somente quando não for útil para você continuar sentindo uma emoção intensa. Em outras palavras: a emoção surge, você a reconhece e entende por que ela está lá, e agora ela está atrapalhando sua capacidade de chegar ao seu *self* sábio e agir efetivamente.

Vamos resumir essa habilidade com uma revisão rápida, a seguir.

Como fazer ação oposta

Passo 1. Descubra qual é a emoção que você está experimentando; valide a emoção simplesmente reconhecendo-a ou aceitando-a (veremos isso com mais detalhes no Capítulo 5).

Passo 2. Descubra o que a emoção está lhe dizendo para fazer — qual é o impulso?

Passo 3. Pergunte a si mesmo se a emoção é justificada pela situação; se não for, vá para o Passo 4. Se for justificada, pergunte a si mesmo se agir conforme o impulso será eficaz — se for, não aja de forma oposta ao impulso, mas faça o que ele está lhe dizendo para fazer.

Passo 4. Pergunte a si mesmo se você quer mudar sua emoção. Se quiser, descubra qual é a forma oposta de agir e vá para o Passo 5.

Passo 5. Faça o oposto do impulso e repita até que a emoção diminua.

17 Ação oposta aos impulsos de ação

Este exercício pode ajudá-lo a analisar situações em que você agiu de forma oposta ao seu impulso, bem como momentos em que não foi capaz de fazer isso. Pensar sobre quando você foi capaz de agir habilidosamente e quando não foi pode ajudá-lo a ver o que está — e o que não está — funcionando e o que você poderia fazer da próxima vez para ser mais eficaz. Preencha a emoção que você estava experimentando e o impulso que estava associado a ela. Se você agiu conforme o impulso, siga o caminho do *sim*, respondendo às perguntas para ajudá-lo a avaliar o resultado. Da mesma forma, se você não agiu conforme o impulso, siga o caminho do *não*. Você também pode baixar esta ficha de tarefa na página do livro em loja.grupoa.com.br para uso futuro.

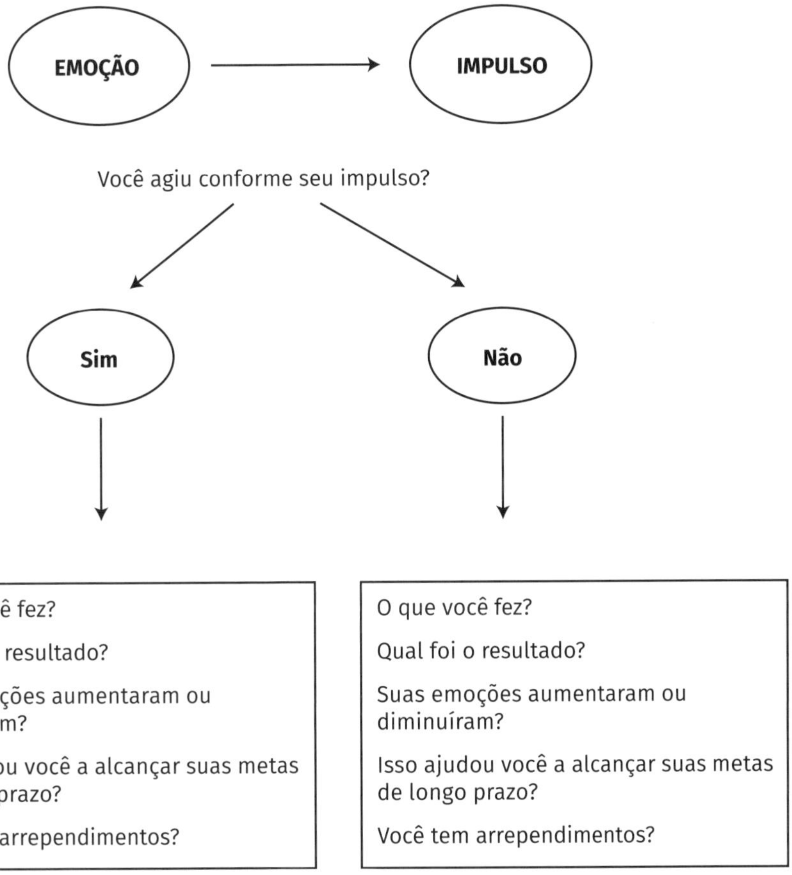

EMOÇÃO
IMPULSO
Você agiu conforme seu impulso?
Sim
Não
O que você fez?
Qual foi o resultado?
Suas emoções aumentaram ou diminuíram?
Isso ajudou você a alcançar suas metas de longo prazo?
Você tem arrependimentos?
O que você fez?
Qual foi o resultado?
Suas emoções aumentaram ou diminuíram?
Isso ajudou você a alcançar suas metas de longo prazo?
Você tem arrependimentos?

CONCLUSÃO

Neste capítulo, você aprendeu sobre as três maneiras diferentes de pensar sobre as coisas — com seu *self* racional, seu *self* emocional e seu *self* sábio. Depois, você aprendeu sobre algumas mudanças que pode fazer em sua vida que o tornarão menos vulnerável a ser controlado pelo seu *self* emocional. Você também examinou duas habilidades para ajudá-lo a agir de maneiras que tornarão mais provável que você alcance suas metas. Antes de prosseguir, certifique-se de que está realmente trabalhando para incorporar essas mudanças em sua vida e praticando essas habilidades para reduzir o controle que suas emoções têm sobre você.

4

Reduzindo suas emoções dolorosas

Espera-se que você tenha trabalhado para fazer algumas mudanças em sua vida a fim de ser menos controlado por suas emoções. Mesmo com essas mudanças, você ainda terá momentos em que suas emoções ficarão muito intensas, dificultando seu gerenciamento. Neste capítulo, examinaremos três habilidades relacionadas — reduzir julgamentos, aceitar suas emoções e aceitar a realidade — que podem ajudá-lo a reduzir a intensidade da dor emocional que você experimenta.

REDUZINDO JULGAMENTOS

Você já notou que, quando está com raiva, frustrado, magoado ou sentindo outras emoções dolorosas, tem a tendência de julgar quem (ou o que) está desencadeando essas emoções em você? Por exemplo, se um amigo próximo conta um segredo seu a alguém, você pode pensar em como essa pessoa é "má". Talvez, quando recebe uma nota baixa em um trabalho no qual se esforçou muito, em sua mente você xingue seu professor; ou talvez, nesse mesmo cenário, você não julgue seu professor, mas julgue a si mesmo, pensando em como você é "burro".

O QUE SIGNIFICA SER NÃO JULGADOR?

Quando julgamos, usamos rótulos simplificados que não fornecem informações úteis. Então, frequentemente pensamos nesses julgamentos como se fossem fatos, quando na verdade eles não são — são julgamentos. Por exemplo, chamar seu amigo próximo de "mau" é um rótulo que não explica por que você acha que ele é mau, nem fornece qualquer informação sobre a situação a que você se refere. Se você dissesse a outro amigo que achou seu amigo mau, sem lhe fornecer o resto da história, ele não saberia o que você quis dizer.

Em contrapartida, você pode pensar em ser não julgador ao falar sobre fatos e emoções. Em vez de chamar seu amigo de "mau", você poderia dizer algo como: "Ele traiu minha confiança. Estou magoado e com raiva das ações dele". Se você dissesse isso a outro amigo, ele entenderia o que você quis dizer.

Para esclarecer isso, vamos olhar para o exemplo de xingar seu professor. Quando você recebe uma nota baixa em um trabalho no qual se esforçou muito, você diz a si mesmo que seu professor é um *idiota*. Isso é um julgamento, um rótulo que você colocou em seu professor e que não explica nada realmente. Em vez de usar esse rótulo, tente pensar no que você quer mesmo dizer com isso. Para ser não julgador, você poderia pensar: *"Estou muito irritado com meu professor por ter me dado essa nota. Me esforcei muito nesse trabalho e acredito que mereço mais do que um C+"*. Entende a diferença? Você está sendo claro e específico, e está declarando os fatos da situação e suas emoções sobre ela.

Conforme você continua lendo, tenha em mente que esta é uma habilidade realmente difícil de aprender; certifique-se de praticar os exercícios que estão aqui, e você conseguirá! A atividade a seguir o ajudará a começar a entender a diferença entre julgamentos e não julgamentos.

18 Julgamentos vs. não julgamentos

Leia cada uma das seguintes declarações. Decida se a declaração é julgadora ou não julgadora, e circule a expressão para indicar isso; você encontra uma lista de respostas no final do livro.

1. Eu deveria ter tirado notas mais altas no meu boletim.	Julgamento	Não julgamento
2. Meus pais podem ser muito maus às vezes.	Julgamento	Não julgamento
3. Eu sou um fracassado.	Julgamento	Não julgamento
4. Fico muito frustrado comigo mesmo quando perco o controle da minha raiva.	Julgamento	Não julgamento
5. Meu irmão me aborrece demais quando não sai do computador enquanto eu preciso usá-lo.	Julgamento	Não julgamento
6. R&B é o melhor tipo de música.	Julgamento	Não julgamento
7. Estou gostando bastante das minhas aulas de matemática neste ano, mas ainda acho difícil.	Julgamento	Não julgamento
8. Não acho seguro postar fotos minhas no Instagram.	Julgamento	Não julgamento
9. Estou realmente decepcionado por não ter sido convidado para o baile de formatura.	Julgamento	Não julgamento

Você pode ter notado, nesses exemplos, que os julgamentos podem ser negativos ou positivos. Para o propósito de gerenciar suas emoções, estamos mais preocupados com os julgamentos negativos, já que são eles que causam mais dor emocional. No entanto, é útil praticar estar ciente de quando você faz julgamentos positivos ou negativos.

NÃO SE "*DEVERIZE*"

Você já ouviu a frase "Não se *deverize*" antes? Esta geralmente é uma diretriz útil — já que as expressões "*deveria*" e "*não deveria*" frequentemente se enquadram na categoria de julgamento —, mas também não é tão simples assim. Será útil olhá-la mais de perto.

Pegue um exemplo do exercício anterior: "Eu deveria ter tirado notas mais altas no meu boletim". Espero que você tenha reconhecido que esta é uma declaração julgadora, porque a palavra "*deveria*" é julgadora neste contexto. Quando usamos essa palavra, frequentemente há outra parte que está implícita, não dita, como "*Há algo errado comigo porque não tirei notas mais altas*" ou "*Portanto, sou um mau aluno*". Da mesma forma, com a expressão "*não deveria*": "Eu não deveria ter dito aquilo ao meu amigo" nos leva a assumir um julgamento, como "*Sou mau por ter dito aquilo ao meu amigo*".

Você pode verificar isso por si mesmo: pense em um momento recente em que disse a si mesmo que deveria ou não deveria ter feito algo. (Você pode se lembrar: "*Eu deveria ter feito mais lições de casa hoje*" ou "*Eu não deveria ter brigado com minha irmã*".) Lembre-se de como você se sentiu quando disse isso a si mesmo. Quais emoções surgiram? Você sentiu culpa, vergonha, raiva ou decepção consigo mesmo? Agora perceba como isso se manifestou em seu corpo: você sentiu tensão em algum lugar? Talvez sua postura tenha ficado mais curvada ou encolhida? Talvez você tenha sentido um peso nos ombros, um aperto no peito ou vontade de chorar? Ou, é claro, talvez não tenha notado nenhuma dessas coisas, e tudo bem também. Apenas tente se lembrar do que aconteceu. E quanto aos seus pensamentos? Você teve julgamentos subsequentes na época, como "*O que há de errado comigo que não tenho motivação para trabalhar?*" ou "*Por que sou uma irmã tão ruim?*". Se você notou alguma dessas coisas, pode ter certeza de que seu "*deveria*" ou "*não deveria*" era, de fato, um julgamento.

Se você não notou nenhuma dessas coisas, pode muito bem ser que você tenha usado essa palavra de uma maneira não julgadora. Por exemplo, apenas adicionar as palavras "*a fim de*" após "*deveria*" ou "*não deveria*" transforma o que está sendo dito em uma declaração factual. Voltando ao exemplo anterior, "Eu deveria ter tirado notas mais altas no meu boletim" é um julgamento. Mas quando você diz, em vez disso, "Eu deveria ter tirado notas mais altas no meu boletim a fim de entrar na faculdade que queria", o julgamento desaparece. Você está dando uma razão factual para por que deveria ou não deveria ter feito algo — e não há nenhum julgamento oculto por trás da afirmação —, o que significa que você não está apagando fogo com gasolina.

Quem diria que isso seria tão complicado, não é?

A IMPORTÂNCIA DE SER NÃO JULGADOR

Infelizmente, julgamentos são comuns em nossa sociedade. Nós os ouvimos o tempo todo e, portanto, também adquirimos o hábito de pensá-los ou dizê-los com frequência. O problema é que julgamentos não são úteis. Eles não nos fazem sentir melhor e, na verdade, muitas vezes aumentam a quantidade de dor que estamos experimentando. Pense em suas emoções como um fogo e em seus julgamentos como gasolina: cada vez que você julga, em voz alta ou apenas em seus pensamentos, está jogando gasolina no fogo da sua emoção.

"Meus pais são **maus**."
"Sou tão **imbecil**!"
"Isso foi bem **estúpido**."
"Eu **não deveria** ter dito aquilo"
"Que **idiota**!"

19 Apagando fogo com gasolina

Pense em um momento em que você ficou realmente com raiva — de si mesmo ou de outra pessoa — e veja se consegue identificar os julgamentos que você estava pensando ou dizendo e que aumentaram sua raiva. Escreva-os nos espaços a seguir. Se não conseguir pensar em uma situação que se lembre bem o suficiente, você pode voltar a este exercício quando tiver uma situação mais recente para usar.

Os julgamentos são frequentemente difíceis de perceber porque os fazemos automaticamente. O que você notou enquanto fazia este exercício? Por exemplo, teve dificuldade em distinguir o que era um julgamento e o que não era? Talvez tenha notado que apenas pensar em determinada situação novamente lhe trouxe de volta as emoções relacionadas a ela. Escreva suas observações aqui:

JULGAMENTOS SÃO NECESSÁRIOS ÀS VEZES

Até agora, falei sobre o fato de que julgar tende a criar mais dor para nós. Mas, na verdade, às vezes os julgamentos são necessários. Se você está prestes a atravessar a rua, por exemplo, e a luz vermelha do semáforo começa a piscar, você precisa decidir se continua andando. Isto é fazer um julgamento: seguro ou não seguro? Esse tipo de julgamento é necessário e não vai desencadear dor para você. Da mesma forma, se você for fazer compras com seus pais, notará que eles farão julgamentos sobre quais produtos são "bons" ou "ruins"; eles fazem essas avaliações, e esses não são julgamentos que desencadearão emoções dolorosas. Para ajudar a distinguir entre os julgamentos necessários e os que são desnecessários e problemáticos, vou me referir aos julgamentos necessários como *avaliações*.

Você precisa ser avaliado na escola para determinar como está se saindo e se está pronto para avançar — este é um julgamento necessário. Às vezes, as pessoas também aprendem avaliando a si mesmas; por exemplo, você precisa avaliar seu próprio comportamento em uma situação para determinar se agiu de forma adequada ou, talvez, se cometeu um erro e precisa se desculpar ou corrigir seu comportamento de outra maneira. Mas lembre-se de que, mesmo que você tenha cometido um erro e se arrependa de algo que disse ou fez, ainda precisa falar consigo mesmo de maneira gentil. Se você teve uma discussão com sua mãe e disse algo de que se arrepende, só vai tornar a situação mais difícil se você chamar a si próprio de idiota (fazer um julgamento) por ter falado com ela daquele jeito. Em vez disso, você pode observar que disse algo à sua mãe que não foi gentil, que se arrepende disso e que está com raiva de si mesmo por causa disso (esta é uma avaliação não julgadora). Você pode ver que é importante avaliar seu comportamento, mas avaliar dessa maneira não desencadeará dor extra para você da mesma forma que se julgar como "um idiota" faria.

Assim, às vezes os julgamentos são necessários, e o ponto aqui não é eliminá-los completamente, mas reduzir os julgamentos que desencadeiam mais emoções.

COMO SER NÃO JULGADOR

O primeiro passo para ser não julgador é tornar-se mais consciente de quando você está julgando; lembre-se: os julgamentos podem acontecer tão automaticamente que às vezes pode ser difícil perceber que você está julgando. Uma boa pista de que você está julgando é quando percebe que sua dor emocional começa a aumentar do nada. Em outras palavras, se você não está em uma situação emocional delicada (como tendo uma discussão com alguém), mas de repente começa a se sentir culpado, envergonhado, com raiva, magoado, amargurado, frustrado ou com outra emoção dolorosa, isso é um bom indicador de que você pode estar julgando. Uma vez que você percebe o julgamento, também tem a opção de simplesmente abandoná-lo — reconhecendo que não é útil e escolhendo *não* julgar. É claro que, quanto mais emoções uma situação desencadeia em nós, menos provável será que consigamos seguir esse caminho, mas você pode notar que será mais capaz de fazer isso com a prática.

Se não conseguir abandoná-lo, o segundo passo é mudar seu julgamento quando o perceber, transformando-o em uma declaração neutra. Esta pode ser a parte realmente complicada, porque você ainda quer expressar suas emoções e opiniões sobre o que está acontecendo, mas quer fazer isso sem piorar as coisas ao julgar. Então, como você faz isso? Atendo-se aos fatos da situação e falando sobre como você se sente em relação a ela.

Uma razão pela qual os julgamentos não são úteis é que eles nos fornecem pouquíssima informação. Por exemplo, imagine que você fica com raiva do seu amigo porque ele não está ouvindo o que você está tentando dizer. Ele continua falando mais alto que você até que, finalmente, você perde a paciência e lhe diz que ele está sendo "um idiota". Mas você não está sendo claro sobre por que acha que ele é um idiota, e não está dizendo ao seu amigo o que ele poderia fazer de diferente para não ser um idiota. Você não está dando a ele um *feedback* útil; na verdade, está apenas piorando as coisas, já que agora ele provavelmente ficará com raiva de você e as coisas vão piorar. Para evitar seguir esse caminho, você poderia dizer a ele que está se sentindo frustrado porque ele parece não estar ouvindo o que você está lhe dizendo. Esta é uma declaração não julgadora — você está se atendo aos fatos da situação enquanto ainda expressa suas emoções sobre o que está acontecendo. Melhor ainda, você está dando ao seu amigo informações que ele pode usar para mudar o que está fazendo (se ele escolher mudar) para que você não se sinta mais frustrado com ele.

Vamos ver outro exemplo. Imagine que você está tendo uma discussão com sua irmã. Você quer pegar emprestado o casaco dela, e ela se recusa a emprestá-lo. Você pode dizer à sua irmã que ela está sendo "injusta", o que seria um julgamento. Uma maneira não julgadora de dizer a mesma coisa seria algo como "Estou irritado e decepcionado porque você não vai me deixar pegar seu casaco". Colocar dessa forma pode não fazer você conseguir o que quer, mas é improvável que piore a situação, porque você estará se expressando de maneira assertiva. Em contrapartida, dizer à sua irmã o quão injusta ela é provavelmente só a deixará com raiva e tornará ainda menos provável que você consiga o que deseja.

Novamente, os julgamentos são uma forma abreviada de dizer algo; tendemos a colocar apenas um rótulo julgador em algo em vez de dizer o que realmente queremos dizer. Ser não julgador é o oposto: é uma maneira clara e assertiva de se comunicar.

20 Transformando um julgamento em não julgamento

Todas as declarações a seguir são julgamentos. Leia-as e veja se consegue formular uma declaração não julgadora para cada uma. Quando terminar, você pode pedir a alguém em quem confia para verificar o que escreveu e garantir que você se ateve aos fatos e às suas emoções em cada situação. A primeira foi feita como exemplo para você.

Você está dirigindo na estrada e alguém corta sua frente.

Julgamento: Seu idiota estúpido!

Não julgamento: Não acredito que aquele cara cortou a minha frente! Ele me assustou muito, e estou muito bravo pois ele quase me tirou da estrada!

Você recebe seu boletim e vê que tirou um B em matemática.

Julgamento: Eu deveria ter tirado notas mais altas no meu boletim.

Não julgamento: ____________________

____

Você descumpriu o horário de voltar para casa ontem à noite, e seus pais o deixaram de castigo por duas semanas.

Julgamento: Meus pais podem ser muito maus às vezes.

Não julgamento: ____________________

____

Um dos alunos populares da escola está dando uma festa, e você não foi convidado.

Julgamento: Eu sou um fracassado.

Não julgamento: ____________________

____

Aqui estão mais alguns exemplos de julgamentos. Veja se consegue formular uma declaração não julgadora para cada um:

Julgamento: R&B (ou outro tipo de música de que você gosta) é o melhor tipo de música.

Não julgamento: ____________________

____

Julgamento: (Um autor que você realmente gosta) é um escritor incrível.

Não julgamento: ____________________

____

SENDO NÃO JULGADOR COM VOCÊ MESMO

Ao aprender e refletir sobre julgamentos, você pode perceber que julga mais a si mesmo do que aos outros. Qual é o problema de ser tão autocrítico? Quando seus julgamentos são voltados para si mesmo, você ainda está aumentando a quantidade de dor que sente. Muitos de nós já enfrentamos *bullying* em nossas vidas, de uma forma ou de outra. Quando você se julga, está fazendo *bullying* consigo mesmo! Fique tranquilo, isso não é incomum; você provavelmente já ouviu o ditado "Podemos ser nosso pior inimigo". Isso significa que constantemente somos mais duros conosco do que com outras pessoas; muitos têm dificuldade em ser gentis e compassivos consigo mesmos. Quando você se julga, os resultados podem ser ainda mais prejudiciais do que quando julga os outros.

Vamos ver um exemplo. Você recebe uma nota com a qual não está satisfeito e, desta vez, em vez de julgar o professor, você se julga: *"Eu não faço nada certo. Nunca serei bom o suficiente para entrar em uma boa faculdade. Eu sou burro"*. Como você acha que esses tipos de pensamentos vão fazê-lo se sentir? Provavelmente, com raiva de si mesmo, triste ou decepcionado, talvez ansioso e, possivelmente, culpado ou envergonhado. Agora pergunte a si mesmo: e se você tivesse um amigo ou colega de quarto que dissesse essas coisas para você? Você aceitaria? Você revidaria? Espera-se que você se defendesse, e é disso que se trata ser não julgador consigo mesmo. Trata-se de acabar com o *bullying* interno.

Os autojulgamentos geralmente são mais difíceis de perceber porque acontecem de forma mais automática para nós — é como se tivéssemos um pequeno gravador que toca esses autojulgamentos repetidamente em nossa cabeça. Também não os dizemos em voz alta com tanta frequência quanto outros julgamentos, então não temos a mesma consciência de que estamos nos julgando. Portanto, a primeira coisa que eu sugeriria, se você sabe que isso é um problema para você, é que trabalhe essa habilidade de forma mais ampla: pratique perceber julgamentos em geral; trabalhe em usar uma linguagem não julgadora, transformando esses julgamentos em declarações neutras. Uma vez que você tenha certo conforto em usar essa habilidade em sua vida, poderá realmente começar a focar em mudar seus autojulgamentos. Para a maioria das pessoas, a opção que mencionei anteriormente — de simplesmente abandonar os julgamentos — é muito mais difícil quando se trata de autojulgamentos; portanto, aqui está um exercício para ajudá-lo a trabalhar em transformar seus autojulgamentos em declarações não julgadoras.

21 Mudando seus autojulgamentos

Primeiro, identifique um julgamento que você frequentemente diz a si mesmo e escreva-o aqui: ____

____

Agora, escreva alguns detalhes sobre por que você está se julgando desta maneira; quais são os fatos da situação? ____

____

Em seguida, veja se consegue identificar as emoções que causam esse autojulgamento e escreva-os aqui: ____

____

Finalmente, usando a mesma fórmula que você usou antes, juntando esses fatos e emoções, veja se consegue escrever algumas declarações não julgadoras para si mesmo:

Não julgamento 1: ____

Não julgamento 2: ____

Não julgamento 3: ____

Isso pode ser difícil, então peça ajuda a alguém em quem confia, se precisar. Você também pode pensar na pessoa que representa o seu *self* sábio e considerar o que ela poderia lhe dizer se soubesse que você está se julgando dessa maneira. Ou, ainda, pode pensar em alguém em sua vida de quem você realmente gosta (seu melhor amigo, seu irmão, até mesmo um animal de estimação) e escrever o que você lhe diria se ele estivesse dizendo essas coisas para si mesmo. Se você estiver tendo muita dificuldade com isso, não se julgue! Isso é apenas um bom sinal de que esta é uma área em que você precisa trabalhar bastante; com o tempo, isso começará a vir naturalmente. Evidentemente, a prática ajudará você a mudar o diálogo interno negativo que desenvolveu. Então, uma vez que tenha escrito suas declarações não julgadoras, você precisará lê-las regularmente para aumentar sua autocompaixão.

Até esse ponto, espero que você esteja percebendo que, embora os julgamentos possam ser difíceis de perceber, trabalhar essa habilidade pode efetivamente ajudar a reduzir as emoções dolorosas em sua vida, o que aumentará sua capacidade de gerenciar suas emoções.

AUTOVALIDAÇÃO

Ser não julgador de forma geral ajudará você a gerenciar suas emoções com mais eficácia. Como você não estará gerando dores extras para si mesmo — ao não tentar apagar o fogo de suas emoções dolorosas com gasolina —, seu balde de emoções não estará tão cheio regularmente. A habilidade de autovalidação também será muito útil nesse sentido. Neste contexto, *autovalidação* refere-se a ser não julgador com suas emoções.

Você já notou que se julga por suas emoções? Por exemplo, talvez você sinta raiva de alguém mas ache que "*não deveria*" se sentir assim, ou diga a si mesmo para "engolir" e superar isso. Ou você pode perceber que considera suas emoções dolorosas como "ruins" e que tenta encontrar maneiras de se livrar delas. Isso é chamado de *invalidar* a si mesmo, e geralmente só faz você se sentir pior, não melhor. Vamos ver um exemplo.

A HISTÓRIA DE CALEB

A namorada de Caleb terminou com ele depois de namorarem por cerca de dois meses. Ele realmente gostava dela e ficou muito magoado e triste por ela não sentir o mesmo. Ao mesmo tempo, ele achava "estúpido" estar tão abatido por isso. Continuava dizendo a si mesmo que ela não valia a pena, que ele tinha que superar isso, que se sentir assim era apenas uma bobagem. Então, ele começava a ficar com raiva de si mesmo por se sentir tão descontente, o que, é claro, só o fazia se sentir pior — agora ele estava magoado e triste pelo término, e, também, estava com raiva de si mesmo por causa disso.

Você percebe que Caleb sentia raiva de si mesmo porque estava se julgando por suas emoções? Isso é o que acontece quando nos invalidamos. Como você se sai nesse aspecto? Tende a validar ou a invalidar a si mesmo? O próximo exercício o ajudará a pensar mais sobre isso.

22 Você se valida ou se invalida?

Todos nós temos momentos em que somos capazes de nos validar e momentos em que achamos isso mais difícil; pode depender da situação, das pessoas envolvidas e, talvez o mais importante, da emoção que estamos sentindo. Veja a lista de emoções a seguir. Pense cuidadosamente sobre cada uma, depois marque as que você tende a validar — em outras palavras, as que você não se julga por ter e acha que está tudo bem quando se sente de tal forma (não que você necessariamente goste da sensação, mas que considera ter o direito de sentir). Use as linhas em branco para escrever quaisquer outras emoções que gostaria de adicionar à lista.

Bravo	Apavorado	Furioso	Solitário
Ansioso	Magoado	Estressado	Calmo
Relaxado	Feliz	Preocupado	Despedaçado
Aborrecido	Animado	Infeliz	Assustado
Descontente	Extasiado	Exultante	______________
Irritado	Inquieto	Enlutado	______________
Deprimido	Amedrontado	Ressentido	______________
Frustrado	Machucado	Triste	______________

Em seguida, volte à lista novamente, desta vez colocando um *X* ao lado das emoções que você acha que *in*valida — aquelas que você se julga por ter. Como em muitos desses exercícios, você pode descobrir que precisa experimentar algumas dessas emoções antes de saber o que pensa e sente sobre tê-las. A maioria de nós não está acostumado a pensar de fato sobre como pensamos e sentimos. Se esse for o seu caso, volte a este exercício depois de ter experimentado essas emoções, quando puder identificar se tende a validar ou a invalidar a si mesmo por tê-las.

MENSAGENS QUE RECEBEMOS SOBRE EMOÇÕES

Uma vez que você seja capaz de identificar *como* pensa e sente-se sobre suas emoções, pode ser útil pensar sobre *por que* você pensa e se sente dessa maneira. Muitas vezes recebemos mensagens de nossa família, de nossos amigos e até mesmo da sociedade, de forma geral, sobre nossas emoções. Por exemplo, seus pais podem lhe dizer: "Não é bom ficar com raiva"; quando você está se sentindo triste, seus amigos podem lhe dizer: "Já chega, supere isso"; e a sociedade nos fornece mensagens estereotipadas como a de que "Meninos não choram". Dê uma olhada nas seguintes histórias de pessoas que receberam certas mensagens, ao longo de suas vidas, sobre as emoções. Essas histórias são destinadas a fazer você pensar sobre de onde vêm seus próprios pensamentos e crenças sobre as emoções.

AS HISTÓRIAS DE THOMAS E DE BRUNO

Os pais de Thomas se separaram quando ele tinha 10 anos. Mesmo antes disso, ele se lembrava de que eles discutiam muito. Seu pai frequentemente chegava tarde do trabalho, e sua mãe ficava irritada por ele não ligar para avisá-la. O pai de Thomas permanecia dizendo à mãe que ela não tinha o direito de ficar zangada, pois ele estava fazendo horas extras para pagar as contas. Ele afirmava que ela só queria provocá-lo e sabia exatamente como deixá-lo com raiva.

Quando tinha 13 anos, Thomas começou a ter problemas com a raiva. Ele tentava "reprimir" a raiva o máximo que podia, pois acreditava que expressá-la era "errado". No entanto, ele eventualmente explodia, e toda a raiva acumulada saía de uma vez. Seus amigos começaram a se afastar, pois ele se tornara imprevisível, explodindo por coisas pequenas. Isso também afetou seus relacionamentos familiares, e Thomas se sentia cada vez mais sozinho.

Bruno cresceu em uma família em que as emoções raramente eram expressas. Se ele se animava com algo, lhe mandavam se acalmar porque estava sendo irritante; se ficava triste, lhe diziam para parar de ser fraco; e se chorava, diziam que estava agindo como uma menina, pois meninos não choravam. A raiva era rotulada como "maldade" ou "falta de educação", e a ansiedade era coisa de "covardes" ou "medrosos". Com todas essas mensagens diretas sobre como muitas de suas emoções eram negativas, não é de se estranhar que Bruno tivesse dificuldade em sentir e expressar emoções. Ele fazia de tudo para ignorar, evitar e reprimir suas emoções, e certamente não as aceitava. Tendo ouvido essas mensagens por tanto tempo, Bruno se julgava quando sentia essas emoções.

Esses são apenas dois exemplos de como podemos desenvolver crenças sobre emoções. Às vezes, as mensagens que recebemos são sutis, como no caso de Thomas, em que as mensagens não eram ditas diretamente, mas ele as absorveu ainda assim. Outras vezes, as mensagens são mais diretas, como na experiência de Bruno, em que ele foi claramente informado de que emoções eram ruins. Ao considerar suas próprias experiências, lembre-se de que seus pais aprenderam sobre emoções com suas famílias, então não estamos culpando-os; queremos apenas que você esteja ciente de onde suas próprias crenças vêm.

23 Quais mensagens você recebeu sobre emoções?

Revise a lista da Atividade 22 e identifique uma das emoções que você invalida; escreva essa emoção na primeira linha em branco. Em seguida, anote quaisquer mensagens que você tenha recebido sobre essa emoção, seja de sua família, de seus amigos ou da sociedade. Finalmente, escreva quaisquer pensamentos e emoções que você possa identificar que surgem por causa dessas mensagens. Faça isso para cada uma das emoções que você invalida, usando outra folha de papel se necessário. O primeiro foi feito como exemplo para você.

Emoção: *Ansiedade*

Mensagens que recebi sobre essa emoção: *Eu não deveria me sentir assim; é bobagem.*

Como essas mensagens me fazem pensar e sentir sobre ter essa emoção: *Eu acho que isso me torna fraco e sinto vergonha de me sentir ansioso.*

Emoção: ______________________________

Mensagens que recebi sobre essa emoção: ______________________________

____

____

Como essas mensagens me fazem pensar e sentir sobre ter essa emoção:

____

____

____

Emoção: ____

Mensagens que recebi sobre essa emoção: ______________________________

____

____

Como essas mensagens me fazem pensar e sentir sobre ter essa emoção:

____

____

____

Emoção: ____

Mensagens que recebi sobre essa emoção: ______________________________

____

____

Como essas mensagens me fazem pensar e sentir sobre ter essa emoção:

____

____

____

Depois de prestar atenção por um tempo ao que você pensa e sente sobre suas emoções, você poderá notar que está mais capaz de se validar, apesar dessas mensagens antigas.

É importante saber que, quando nos julgamos por como nos sentimos, muitas vezes surgem emoções de culpa e vergonha, além de outras emoções angustiantes; então, validar suas emoções pode ajudar a reduzir essas emoções angustiantes ao longo do tempo. A seguir estão três maneiras de se validar (Van Dijk, 2012):

1. *Reconhecimento:* Ocorre quando apenas rotulamos a emoção que estamos sentindo, nomeando-a com precisão e deixando por isso mesmo: "*Eu me sinto ansioso*". Contanto que apenas nomeemos a emoção, sem julgá-la, estaremos validando nossa emoção.
2. *Permissão:* Ocorre quando nos damos permissão para sentir a emoção. Não estamos dizendo que gostamos da emoção ou que queremos que ela permaneça; estamos dizendo que temos permissão para nos sentirmos assim, pois é uma emoção humana normal.
3. *Compreensão:* Ocorre quando podemos dizer, de alguma forma, que "*essa emoção faz sentido*", dadas as circunstâncias atuais ou do nosso passado. Por exemplo, podemos dizer que é compreensível sentir ansiedade em situações com pessoas desconhecidas quando temos um histórico de *bullying* — isso seria entender a emoção com base em experiências passadas. Ou, ainda, podemos dizer que faz sentido sentir ansiedade ao falar em público, porque não é algo que fazemos regularmente e está fora da nossa zona de conforto — isso seria entender a emoção com base na experiência atual.

24 Validando a si mesmo

A seguir estão alguns exemplos de reconhecimento, permissão, compreensão e validação de declarações. Destaque ou sublinhe as declarações que seriam mais úteis para as emoções que você tende a invalidar.

- Está tudo bem em me sentir assim.
- Esta é uma emoção humana natural.
- Todos se sentem assim às vezes.
- Faz sentido eu me sentir assim.
- Tenho permissão para sentir isso.

Na área fornecida, veja se você pode criar mais declarações que o ajudem a pensar de maneira não julgadora e mais equilibrada sobre as emoções que tende a invalidar. Lembre-se de que não se trata de gostar da emoção ou de querer mudá-la; é uma maneira não julgadora de pensar sobre a emoção que você está experimentando, para que não tente apagar o fogo de sua emoção com gasolina e desencadeie mais dor para si mesmo.

____

____

____

____

____

____

____

____

____

Como mudar seus pensamentos dessa maneira pode ser bastante difícil, você pode querer reescrever esta lista de declarações de validação em uma folha de papel separada para carregar consigo, ou mesmo adicioná-la à seção de notas do seu celular ou *tablet*. Dessa forma, quando começar a experimentar uma emoção de que não goste e que tenda a invalidar, você pode pegar sua lista e lê-la para si mesmo.

ACEITAÇÃO DA REALIDADE

Até agora, neste capítulo, vimos duas habilidades que podem ajudá-lo a reduzir a quantidade de dor em sua vida: não julgar a si mesmo e aos outros e não julgar suas emoções. A próxima habilidade lhe ajudará a reduzir a quantidade de dor emocional em sua vida, desta vez focando em como você pensa sobre a *situação*.

Quando foi a última vez que você esteve em uma situação dolorosa e se ouviu dizer: "Isso é tão injusto. Não está certo. Não deveria ser assim", ou algo parecido? Pensar na situação dessa maneira o ajudou? Ou fez você sentir mais emoções ou suas próprias emoções mais intensamente?

É bastante natural tentarmos lutar contra o que nos causa dor. No entanto, quando lutamos contra a realidade dessa maneira, na verdade, pioramos nossa dor. Veja o exercício a seguir para ajudá-lo a pensar sobre essa ideia.

25 O que lutar contra a realidade faz por você?

Relembre um momento recente em que você pensou algo como *"Isso não é justo"*, *"Isso não deveria ter acontecido"* ou *"Isso é uma droga"*. Então, responda às perguntas a seguir.

Descreva brevemente a situação:

____

____

____

____

____

Como você se sentiu ao lutar contra essa situação? Se tiver dificuldade em responder a essa pergunta, pense nas quatro categorias gerais de emoções: raiva, tristeza, medo e alegria. Lembre-se também de que você pode ter sentido mais de uma emoção ao mesmo tempo. Anote todas as emoções que conseguir identificar:

____

____

____

____

O que você *fez* porque estava lutando contra a situação? Por exemplo, você pode ter dormido ou bebido mais, usado drogas para escapar da realidade, chorado muito ou agido de forma agressiva com os outros devido ao seu estado emocional. Anote aqui todos os comportamentos que você lembrar:

____

____

____

____

____

Você consegue pensar em algum benefício que tenha surgido ao lutar contra essa realidade?

____

____

____

____

Geralmente, recusar-se a aceitar uma situação faz nossas emoções se tornarem uma bola de neve, assim como quando julgamos a nós mesmos ou aos outros e quando invalidamos nossas emoções. Dê uma olhada no exemplo a seguir para ajudá-lo a entender essa ideia.

A HISTÓRIA DE KELLY

Kelly tinha 14 anos quando começou a namorar seu primeiro namorado, Breno. Ela se apaixonou completamente por ele e os dois ficaram juntos por cerca de um ano. Kelly achava que as coisas estavam indo bem e estava feliz no relacionamento, mesmo que não passassem muito tempo juntos. Mas um dia, do nada, Breno disse a Kelly que estava saindo com outra pessoa e não queria mais ficar com ela. Ela tentou fazê-lo mudar de ideia, mas não teve sucesso.

Kelly ficou devastada; faltou à escola no dia seguinte porque se sentia péssima e ficou o dia todo em seu quarto, chorando. Ela pensava que isso não deveria ter acontecido e que não era justo perder alguém que a fazia tão feliz. Isso durou dias, e Kelly ficou tão abalada que se cortou, tentando distrair-se com a dor física para fazer a dor emocional desaparecer. Era também uma forma de se punir, pois ela achava que devia ter feito algo errado para Breno deixá-la e para sentir tanta dor emocional.

A maioria das pessoas nessa situação sentiria muita dor. O fim de um relacionamento é frequentemente difícil, e as pessoas geralmente se sentem muito tristes com esse tipo de perda. No entanto, você pode perceber que Kelly estava lutando contra a situação pensando coisas como *"Isso não é justo"* e *"Não deveria ser assim"*. Esse tipo de pensamento desencadeou mais emoções em Kelly, de modo que ela não apenas se sentia triste pela perda, mas também se sentia ainda pior e ficou com raiva de si mesma, o que aumentou sua dor emocional e a levou a comportamentos prejudiciais, como o de se cortar. Vamos ver o que aconteceu em seguida.

Com o tempo, Kelly gradualmente começou a aceitar que Breno havia escolhido ficar com outra pessoa. Ela percebeu que não tinha controle sobre a situação e que, embora não gostasse, teria que lidar com isso. "As coisas são como são" tornou-se o novo mantra de Kelly para ajudá-la a passar os dias. Ela descobriu que essa nova atitude a ajudava a seguir em frente com sua vida. A tristeza ainda estava lá e ela continuava sentindo falta de Breno, mas parou de se culpar e de ficar com raiva de si mesma, o que reduziu suas emoções dolorosas e tornou suas emoções mais suportáveis.

LUTA CONTRA A REALIDADE VS. ACEITAÇÃO DA REALIDADE

Normalmente é difícil aceitar que coisas dolorosas aconteceram ou estão acontecendo em nossas vidas. Então, ao invés de aceitar, tendemos a lutar contra a realidade, geralmente tentando negá-la de alguma forma, como se negá-la ou lutar contra ela pudesse torná-la não verdadeira. Mas quando nos recusamos a aceitar, obviamente não mudamos o fato de que os eventos aconteceram. Lutar contra a realidade não melhora as coisas; apenas acaba causando mais dor.

Aceitação da realidade acontece quando você é capaz de reconhecer a realidade como ela é e agir de acordo, em vez de lutar contra ela e tentar transformá-la em algo que ela não é. Lembre-se de que *aceitação* não tem nada a ver com *aprovação*; a aceitação é, na verdade, não julgadora. Em outras palavras, quando você aceita algo, não está dizendo que esse algo é bom ou ruim; está apenas o reconhecendo. Note que, na história de Kelly, ela foi capaz de aceitar sua situação, mesmo que não gostasse de como as coisas estavam. Então, lembrando o que você aprendeu anteriormente neste capítulo — que julgamentos aumentam sua dor emocional —, você pode pensar na aceitação da realidade como sendo não julgadora em relação a ela.

O QUE A ACEITAÇÃO DA REALIDADE NÃO É

Aceitar a realidade não significa que você desistiu, que parou de tentar mudar uma situação ou que se tornou passivo. Por exemplo, se seus pais tomam uma decisão que é dolorosa para você, aceitação não significa que você simplesmente se acomoda sem tentar fazer nada a respeito; você pode aceitar que essa é a decisão deles *e* conversar com eles sobre a situação, para ver se consegue fazê-los mudar de ideia.

Muitas vezes não temos controle sobre uma situação, o que pode torná-la mais dolorosa. Quando alguém que amamos morre, não temos controle. Situações passadas são outro exemplo. Muitas pessoas sentem arrependimento, culpa, vergonha e raiva de si mesmas por causa de coisas que fizeram, coisas que não fizeram ou coisas que foram feitas a elas no passado; entretanto, não temos controle sobre esses eventos, assim como não temos nenhuma capacidade de voltar ao passado e mudar as coisas. Quando você não pode fazer nada sobre o resultado, a aceitação o ajuda a seguir em frente. Embora a aceitação não mude a realidade e, portanto, não elimine toda a sua dor, ela ajudará a reduzir a quantidade de dor que você está experimentando.

26 Como a aceitação da realidade ajuda

Com base na situação que você usou na Atividade 25, responda às seguintes perguntas para refletir sobre como aceitar a realidade pode ajudá-lo.

Você chegou ao ponto de aceitar essa situação, mesmo que apenas por curtos períodos de tempo? Se sim, como isso o ajudou?

____

____

____

____

____

____

Se você ainda não conseguiu aceitar essa situação, tente pensar em outro momento doloroso em sua vida (p. ex., a morte de um membro da família, um amigo ou um animal de estimação; a perda de um relacionamento ou de uma amizade) em que você foi capaz, gradualmente, de chegar à aceitação. Você consegue se lembrar de como aceitar essa situação o ajudou? Aqui estão alguns exemplos; adicione os seus nas linhas em branco que seguem:

- Comecei a pensar menos na situação.
- Minha raiva em relação a mim mesmo diminuiu.
- Parei de evitar certas pessoas.
- ___
- ___
- ___

Há outras situações passadas ou presentes em sua vida que você não está aceitando? Anote quaisquer situações que você consiga identificar que esteja lutando contra; use outra folha de papel se precisar de mais espaço.

___

___

___

___

___

Pensando em cada uma dessas situações, uma de cada vez, como você acha que poderia ser útil aceitá-las? Por exemplo, isso mudaria como você se sente ou reduziria o nível de sua emoção? Mudaria a forma como você está se comportando?

___

___

___

___

___

Em seguida, escolha uma das situações que você ainda tem dificuldade em aceitar. Às vezes, você pode descobrir que precisa aceitar a sua não aceitação! Em outras palavras, se você está tendo dificuldade para chegar a um ponto em que esteja disposto a trabalhar na aceitação de algo, pode praticar aceitar que ainda não está pronto para aceitá-lo. Se você se culpar e se julgar por não fazer algo que sabe que seria útil, estará apenas alimentando ainda mais o seu fogo emocional. Dessa forma, aceite que ainda não está pronto para aceitar essa situação: as coisas são como são.

No entanto, se você se sentir pronto para trabalhar na aceitação dessa situação, faça um compromisso consigo mesmo:

A partir deste momento, vou começar a trabalhar na aceitação da seguinte situação:

____

____

____

____

____

Você também notará, às vezes, que sua mente voltou a lutar contra essa realidade. Considere como você pode responder a esses pensamentos; o que poderia dizer a si mesmo para ajudar-se a aceitar essa situação. Novamente, aqui estão alguns exemplos e algumas linhas em branco em que você pode adicionar suas próprias ideias:

- As coisas são como são.
- Agora está difícil, mas eu posso superar isso.
- Eu não gosto disso, mas não há nada que eu possa fazer para mudar essa situação.
- ______________________________________
- ______________________________________
- ______________________________________

Mais uma vez, o *mindfulness* será útil aqui. Você precisa, primeiro, aumentar sua consciência de quando está lutando contra essa realidade; então, quando perceber que seus pensamentos estão se encaminhando nessa direção, pode dizer algumas de suas declarações de aceitação da realidade para si mesmo. É importante lembrar que esta não é uma habilidade fácil — quanto mais dolorosa for a situação, mais difícil será para você aceitá-la.

Para situações realmente dolorosas, você pode descobrir que dividi-las em partes menores pode ajudar em sua aceitação. Por exemplo, em vez de tentar aceitar que seus pais estão se divorciando, talvez você possa trabalhar primeiro em aceitar apenas uma parte disso: que um de seus pais não está mais morando em sua casa com você; o próximo passo pode ser trabalhar na aceitação de que você não poderá mais ter feriados, aniversários e outras datas com seu pai e sua mãe ao mesmo tempo; depois, aceitar que agora você tem que dividir seu tempo entre duas casas; e assim por diante. Lembre-se de que, embora seja difícil e geralmente exija muita energia, a aceitação da realidade valerá a pena no longo prazo!

Por outro lado, se você está tentando aceitar algo que é realmente doloroso, isso também pode ser difícil demais neste momento: talvez você precise considerar dar um passo para trás e praticar essa habilidade primeiro com algo que seja muito menos doloroso. Embora, é claro, geralmente queiramos fazer algo sobre a dor intensa em nossas vidas, às vezes uma situação pode ter uma quantidade excessiva de dor associada para que possamos chegar ao ponto de usar as habilidades de forma eficaz e imediata. Se esse for o caso, pense em eventos menos dolorosos, até mesmo diários, em que você pode praticar a aceitação: quando seu irmão deixar os pratos na pia, quando seus pais insistirem para que você corte a grama — "agora, por favor" —, ou no fato de que é sábado de manhã e está chovendo. Usualmente podemos encontrar muitas coisas que nos causam pequenas quantidades de dor e proporcionam uma boa prática!

Praticar *mindfulness* ajudará você com todas as três habilidades de ser não julgador, com a autovalidação e a aceitação da realidade. Como nossos pensamentos são frequentemente muito automáticos, podem ser muito difíceis de capturar — muitas vezes temos pouquíssima ou nenhuma consciência do que estamos pensando. Então, volte à Atividade 12, no Capítulo 2, para aumentar sua consciência de seus julgamentos, do que você diz a si mesmo sobre suas emoções e de quando está lutando contra a realidade.

27 *Mindfulness* de bondade amorosa

As habilidades de que falamos neste capítulo são muito difíceis, mas praticá-las ajudará você a sentir menos dor emocional e a ser mais gentil consigo mesmo. Este exercício de *mindfulness* (Brantley & Hanauer, 2008) também pode ajudá-lo a ser mais gentil consigo; ele se concentra na autocompaixão, mas à medida que você se acostuma com esse tipo de prática, também pode querer estender esses pensamentos gentis aos outros.

Encontre um lugar onde você se sinta confortável para sentar-se. Comece focando na sua respiração — não tentando mudá-la, mas apenas percebendo como é respirar. Lenta, profunda e confortavelmente, inspire e expire.

À medida que você se concentra na sua respiração, permita-se conectar com emoções prazerosas: emoções de bondade, amizade, aconchego e compaixão. Estas são as emoções que você experimenta quando vê uma pessoa de quem realmente gosta; quando seu animal de estimação vem cumprimentá-lo; quando você faz algo bom para alguém "apenas porque sim". Lembre-se desse aconchego e dessa bondade que você experimenta em relação aos outros; imagine essas emoções agora, como se estivessem acontecendo neste momento, e deixe-se sentir a alegria, o amor e as outras emoções prazerosas que surgem para você. Enquanto experimenta essas emoções de bondade e amizade, diga, gentilmente, as seguintes frases:

Que eu seja feliz.

Que eu seja saudável.

Que eu esteja em paz.

Que eu esteja seguro.

Você pode dizer essas frases em sua mente ou em voz alta; de qualquer forma, coloque emoção e significado nelas, e certifique-se de que realmente sente as palavras enquanto as diz. Se tiver dificuldade em sentir bondade em relação a si mesmo, lembre-se de que hábitos levam tempo para mudar; na medida do possível, não se julgue e nem julgue o exercício, apenas saiba que isso é algo em que você precisará investir mais tempo. Certifique-se de praticar este exercício regularmente, e você encontrará em si mesmo uma atitude mais gentil, amorosa e compassiva — o que ajudará você a ser não julgador consigo mesmo, a validar as emoções que está sentindo e a aceitar sua realidade.

CONCLUSÃO

Neste capítulo, abordamos muitas habilidades para ajudá-lo a reduzir a quantidade de dor em sua vida. Tentando ser menos julgador, trabalhando na validação de suas emoções com mais frequência e buscando aceitar as situações dolorosas em sua vida, você será capaz de reduzir a quantidade de dor emocional que experimenta.

Lembre-se de que, quando você tem menos dor emocional, suas emoções se tornam mais gerenciáveis. Gradualmente, você começará a notar que está descontando menos nos outros e que é mais capaz de gerenciar suas emoções de maneiras eficazes, em vez de recorrer aos modos não saudáveis que usava para tentar lidar com elas no passado. Leve o tempo que precisar e trabalhe duro nessas habilidades, e você notará a diferença.

5

Sobrevivendo a uma crise sem piorar a situação

Todos nós passamos por momentos em nossas vidas em que nossas emoções ficam intensas e não sabemos como lidar com elas. Muitas vezes, quando isso acontece, sentimos impulsos de fazer coisas que podem nos ajudar a lidar com nossas emoções avassaladoras em curto prazo, mas que têm consequências negativas em longo prazo. As habilidades descritas neste capítulo ajudarão você a lidar com os momentos difíceis de maneiras mais saudáveis, permitindo que enfrente uma situação de crise sem piorá-la.

A HISTÓRIA DE TANARA

Tanara tinha 13 anos quando começou a ter problemas com suas emoções. Às vezes, ela ficava tão deprimida que queria morrer. Outras vezes, especialmente após ter descontado sua tristeza e raiva na família ou nos amigos, ela se machucava de alguma forma — cortando-se ou beliscando-se com força. Era quase como se infligir dor a si mesma fosse uma punição por descontar suas frustrações nas pessoas que amava. Ao mesmo tempo, a dor física servia como uma distração da dor emocional. Embora Tanara soubesse que sua maneira de lidar com isso era prejudicial, ela simplesmente não conseguia parar — sabia que isso geralmente a ajudava, pelo menos no início, e voltar a esses padrões antigos era mais fácil do que tentar mudar. Gradualmente, porém, a família e os amigos de Tanara ficaram cada vez mais frustrados com ela, pois parecia que ela não queria ajudar a si mesma. Na verdade, Tanara queria se ajudar; ela só não sabia como.

Isso soa familiar para você? Talvez você não tenha pensamentos sobre realizar comportamentos suicidas ou se machucar, mas todos nós já tentamos superar emoções intensas fazendo coisas que acabaram piorando a situação. Algumas pessoas bebem ou usam drogas; outras comem demais ou de menos; outras, ainda, dormem, jogam *videogame* o dia todo ou fazem outras coisas para escapar da realidade. As habilidades descritas neste capítulo ajudarão você a parar de recorrer a esses comportamentos prejudiciais e substituí-los por estratégias de enfrentamento que não têm consequências negativas, nem em curto e nem em longo prazo. Primeiro, vamos analisar o que você faz, atualmente, para lidar com situações de crise.

28 Como você lida com as crises?

A dificuldade em mudar maneiras prejudiciais de lidar com crises é que elas costumam ser úteis em curto prazo. Quando suas emoções estão realmente intensas e você não sabe como enfrentar uma crise, muitos desses comportamentos o distraem da situação e das emoções. Mas lembre-se: isso não dura. Em longo prazo, a crise ainda estará lá, e suas emoções sobre ela também estarão, mas você provavelmente terá mais dor por causa do comportamento prejudicial que adotou — em geral, as pessoas sentem culpa, vergonha e raiva de si mesmas quando adotam esses tipos de comportamento. Além disso, seus entes queridos provavelmente ficarão frustrados com você, como aconteceu com Tanara, por estar agindo de maneiras que lhe são mais prejudiciais.

Veja esta lista de maneiras prejudiciais de lidar com crises e marque aquelas às quais você recorre às vezes. Use as linhas em branco no final para adicionar outros comportamentos que você sabe que não são úteis em longo prazo.

- ☐ Cortar-se
- ☐ Ameaçar se envolver em comportamentos suicidas
- ☐ Usar o sono como escape
- ☐ Beber álcool
- ☐ Usar drogas
- ☐ Jogar jogos de azar
- ☐ Jogar *videogame* excessivamente
- ☐ Pensar em se envolver em comportamentos suicidas
- ☐ Agredir verbalmente as pessoas de quem você gosta
- ☐ Não comer
- ☐ Comer em excesso
- ☐ Realizar comportamentos suicidas
- ☐ Arrancar os cabelos
- ☐ Beliscar-se
- ☐ Tornar-se violento com os outros
- ☐ Arremessar as coisas
- ☐ Bater a cabeça contra uma parede
- ☐ Engajar-se em práticas sexuais perigosas (p. ex., ter relações sexuais desprotegidas ou com alguém que acabou de conhecer)
- ☐ ____________________
- ☐ ____________________
- ☐ ____________________

Escolha um desses comportamentos que você faz com relativa frequência. Você pode identificar desencadeantes ou fatores que o colocam em risco para esse comportamento? Descreva quaisquer eventos, pessoas ou outras circunstâncias que aumentam a chance de você adotar esse comportamento:

____

____

____

____

Escreva sobre como esse comportamento é útil para você em uma crise.

____

____

____

____

Você consegue pensar em alguma consequência negativa desse comportamento para você? Isso pode ser difícil porque, como mencionado anteriormente, esse comportamento provavelmente o ajuda em curto prazo, então você pode precisar pedir ajuda a alguém de confiança. Escreva aqui quaisquer consequências negativas que conseguir pensar:

Tendemos a ser muito mais duros conosco do que seríamos com os outros, então, às vezes, pode ajudar se falarmos conosco como falaríamos com um amigo na mesma situação. Imagine que você é seu melhor amigo, um parente próximo ou até mesmo seu animal de estimação. Dessa perspectiva, escreva uma carta para si mesmo sobre as maneiras prejudiciais como você lida com as crises atualmente. Diga como esse comportamento afeta você (pelo olhar do seu ente querido) e ofereça encorajamento para fazer as coisas de maneira diferente. Use outra folha de papel se precisar de mais espaço.

É provável que você também tenha passado por momentos de crise e agido de maneiras que não o afetaram negativamente. Às vezes, é proveitoso sair para caminhar, conversar com alguém ou assistir a um filme, por exemplo, para tirar sua mente da crise e das emoções dolorosas. No espaço a seguir, liste algumas dessas atividades que você já fez para ajudar a lidar com as crises de maneiras saudáveis:

____________	____________	____________	____________
____________	____________	____________	____________
____________	____________	____________	____________

Vamos ver, agora, como você pode começar a se afastar desses comportamentos prejudiciais e tornar mais provável que consiga lidar com as situações de maneiras mais úteis. A seção a seguir é adaptada de Van Dijk (2021).

MUDE SUA EMOÇÃO MUDANDO A SUA FISIOLOGIA CORPORAL

Um bom ponto de partida quando você percebe que suas emoções estão tomando conta é focar em mudar o que está acontecendo em seu corpo. Aqui estão algumas habilidades que ajudarão você a regular rapidamente as emoções, levando-o a um estado emocionalmente mais equilibrado, em que poderá pensar com mais clareza usando seu *self* sábio.

Faça uma flexão para a frente

Incline-se como se estivesse tentando tocar os dedos dos pés (não importa se você realmente consegue tocá-los; você também pode fazer isso sentado, se preferir). Concentre-se em respirar lenta e profundamente e deixe-se ficar nessa posição por algum tempo. Isso ativa no corpo o *sistema nervoso parassimpático*, que funciona como um freio, ajudando a nos sentirmos um pouco mais calmos. Só não se levante muito rápido, ou você pode cair.

Mergulhe o rosto na água fria

Se você não estiver tomando medicamentos chamados betabloqueadores e não tiver problemas de pressão baixa ou de distúrbios alimentares (restrição ou purgação), colocar o rosto em água fria é outra habilidade que pode ajudar a regular suas emoções rapidamente (Linehan, 2014). (Se não tiver certeza se isso é seguro para você, certifique-se com seu médico; essa habilidade realmente pode causar desmaios, então tenha cuidado!)

Vá até a pia mais próxima, encha-a com água o mais fria possível e coloque o rosto na água por cerca de 15 a 30 segundos (se você não conseguir prender a respiração por tanto tempo, não se preocupe; fique até o tempo máximo que puder confortavelmente). Se não puder colocar água fria na pia (ou se tiver medo disso), você também pode jogar água fria no rosto ou segurar um saco de gelo sobre os olhos, mas isso funcionará melhor se você prender a respiração e se inclinar, como se estivesse colocando o rosto na água. Você pode fazer isso duas ou três vezes para ajudar a acalmar suas emoções rapidamente.

Concentre-se na sua expiração

Concentrar-se em tornar a expiração mais longa do que a inspiração também ativa o sistema nervoso parassimpático, ajudando você a desacelerar e a se sentir mais calmo. Veja como fazer isso: ao inspirar lentamente, conte mentalmente para ver quanto tempo dura sua inspiração.

Então, ao expirar, conte no mesmo ritmo e certifique-se de que sua expiração seja pelo menos um pouco mais longa do que sua inspiração. Por exemplo, se você contar até cinco ao inspirar, certifique-se de expirar até, pelo menos, seis segundos; se contar apenas até três ao inspirar, sua expiração deve durar, pelo menos, até quatro segundos. Tente fazer isso por alguns minutos para ajudá-lo a acalmar emoções intensas.

Aumente sua frequência cardíaca por meio do exercício físico

Fazer algum exercício físico intenso também pode ajudar a regular as emoções quando elas começarem a se intensificar — ou mesmo quando já estiverem intensas! Saia para correr ou caminhar o mais rápido que puder; faça polichinelos ou flexões no seu quarto; ou suba e desça as escadas. Exercícios intensos dão um impulso às substâncias químicas no cérebro e ajudam a gerenciar as emoções.

Lembre-se de que essas habilidades só regularão suas emoções por um curto período (cerca de 5 a 15 minutos). Considere fazer essas habilidades como uma forma de se desvencilhar temporariamente de suas emoções para que você possa acessar seu *self* sábio e, portanto, pensar um pouco mais claramente sobre como se ajudar a não piorar a situação (p. ex., agindo pelo impulso de se machucar ou de machucar alguém). É neste ponto que entram os próximos conjuntos de habilidades.

HABILIDADES DE DISTRAÇÃO

Quando você está em uma situação de crise, pode não ser capaz de resolver o problema que está enfrentando. Caso possa, obviamente você irá querer resolvê-lo, e a crise desaparecerá! Mas quando se trata de um problema que não pode ser resolvido, e quando suas emoções sobre ele vão continuar presentes, uma das coisas mais úteis que você pode fazer é se distrair do problema — e fazer isso de uma maneira que não vá piorar as coisas em longo prazo. Sua lista de maneiras saudáveis de lidar com as crises (veja o final da Atividade 28) provavelmente é uma lista de habilidades de distração, porque, de certa forma, mesmo quando é difícil pensar claramente (por estarmos muito tomados pelas emoções), sabemos que nos distrair ajudará a nos sentirmos melhor, mesmo que seja apenas temporariamente.

29 Distraindo-se

Leia a lista de atividades a seguir para começar a pensar no que você pode fazer para tirar sua mente de um problema e de suas emoções. Em uma folha de papel separada, faça sua própria lista para manter com você e use-a para se distrair quando estiver em uma crise.

Desenhar, pintar ou rabiscar.

Olhar fotografias.

Escrever um poema ou um conto.

Pensar em momentos em que se sentiu feliz.

Cantar ou dançar.

Olhar diários antigos.

Imaginar sua vida após a escola.

Ir ao cinema.

Passar algum tempo ao ar livre.

Listar as coisas de que você gosta em si mesmo.

Carregar algumas fotos favoritas nas redes sociais.

Jogar um jogo de tabuleiro com seu irmão ou com um amigo.

Encontrar um novo toque divertido para seu celular.

Cozinhar ou assar algo para sua família.

Assistir a um filme ou ao seu programa favorito.

Ir a algum lugar para observar as pessoas.

Entrar em contato com alguém de quem sente falta.

Atualizar seu *status* no Instagram.

Ouvir música ou um exercício de relaxamento.

Passar tempo com um amigo.

Experimentar diferentes penteados.

Fechar os olhos e imaginar-se em seu lugar favorito.

Tocar um instrumento musical.

Aprender a fazer crochê (ou outra coisa que nunca tenha feito).

Escrever em um diário.

Praticar um esporte de que você goste.

Fazer algo agradável para sua família ou para um amigo.

Reordenar ou organizar seu quarto.

Fazer palavras-cruzadas.

Nem todas essas atividades farão sentido para você; por exemplo, se você não pratica esportes, não faria sentido ter essa atividade em sua lista. Por isso, pense bem e faça sua própria lista com o maior número possível de atividades. Dessa forma, quando você começar a notar sinais de alerta de uma crise iminente, ou quando estiver realmente em uma crise, não precisará pensar sobre o que pode fazer para se ajudar; bastará pegar essa lista de habilidades de sobrevivência a crises e fazer o primeiro item dela. Se você achar que a atividade escolhida só o distrai por alguns minutos, ou talvez nem isso, passe para a próxima atividade. Quanto mais opções você tiver, mais será capaz de se distrair e mais provável será que você consiga passar pela crise sem piorá-la. Não se esqueça de adicionar as habilidades para mudar sua emoção pela mudança da sua fisiologia corporal — estas devem ir para o topo da sua lista!

HABILIDADES DE RELAXAMENTO

Cuidar bem de si mesmo fisicamente é uma maneira importante de reduzir crises emocionais. Ser capaz de cuidar da sua saúde mental acalmando a si próprio — fazendo coisas para ajudar-se a relaxar, a sentir-se mais calmo e em paz — é igualmente importante. Acalmar-se pode ajudar durante os momentos de crise e, também, deve ser algo que você faça regularmente para evitar que elas ocorram. Pense nisso: se você fizer coisas que o ajudem a se sentir mais calmo e relaxado regularmente, será mais capaz de lidar com situações estressantes quando elas surgirem, de modo que elas não terão a mesma oportunidade de se transformar em crises.

Ao pensar em maneiras de se acalmar, pense em coisas que você pode fazer que sejam reconfortantes para você. Por exemplo, se você tem um cachorro, estar com ele pode ser reconfortante; talvez você goste de sentar-se com seu cachorro, acariciá-lo e aproveitar sua companhia. Essas atividades serão diferentes para cada pessoa.

30 Acalmando-se

Pense em coisas que você pode ter feito para se sentir melhor no passado, como pedir um abraço a alguém, tomar um banho quente ou se aconchegar debaixo das cobertas com um bom livro. Você também pode pensar no que é agradável para cada um dos seus sentidos — paladar, tato, visão, olfato e audição — e no que você pode fazer que seja reconfortante para eles (Linehan, 1993). Por exemplo, para algumas pessoas é reconfortante comer seu prato favorito (em quantidades razoáveis, é claro!), acariciar seu cachorro, olhar para um jardim, cheirar um pão recém-assado e ouvir a voz de alguém querido.

O que é reconfortante para você? Adicione o que lhe vier à mente à sua lista de habilidades de sobrevivência a crises. Aqui estão mais alguns exemplos para ajudá-lo a começar:

Beber uma xícara de chocolate quente

Ouvir sua música favorita

Aproveitar o aroma das flores

Ouvir sons da natureza

Olhar para um objeto favorito

Mergulhar em um banho quente com espuma

Usar aromaterapia

CRIANDO UMA CAIXA DE SEGURANÇA

Em tempos de crise, ter algumas das suas coisas favoritas à mão pode ajudar a acalmar-se e a sentir-se mais tranquilo. Você pode usar a criatividade e juntar, em uma caixa, várias das suas coisas favoritas. A seguir está uma lista de coisas que algumas pessoas incluíram em suas caixas de segurança:

Fotos de família e amigos

Um bichinho de pelúcia favorito

Loção para o corpo

Um cartão de beisebol

Uma pedra de estimação

Flores secas

Um livro favorito

Um poema inspirador

Uma lembrança de uma viagem com boas memórias

PASSOS PARA GERENCIAR SEUS IMPULSOS

Agora, para ajudá-lo a não agir por impulso de uma maneira que provavelmente pioraria a situação para você, é hora de reunir todas essas habilidades com os seguintes passos.

Passo 1. Perceba o seu impulso e avalie-o em uma escala de 1 a 10 (1 significa que ele está presente, mas é quase imperceptível; 10 significa que é super intenso e que você provavelmente agirá de acordo com ele).

Passo 2. Defina um alarme para daqui a 15 minutos — no seu celular ou *tablet*, ou use o *timer* do forno na cozinha, se precisar! Prometa a si mesmo que, pelos próximos 15 minutos, você usará as habilidades ao invés de agir por impulso.

Passo 3. Pegue sua lista de habilidades de sobrevivência a crises e faça a primeira coisa da lista (lembre-se: deve ser uma daquelas habilidades que mudam a fisiologia do seu corpo, como uma inclinação para a frente, que ajuda a regular suas emoções). Depois de, possivelmente, ter conseguido acalmar suas emoções ao menos um pouco — e mesmo que, por algum motivo, você não tenha conseguido fazer isso —, seu próximo passo é usar o restante de suas habilidades: distrair-se do impulso e usar suas habilidades de autocuidado para passar pela crise. Se a primeira habilidade de distração da sua lista for "sair para caminhar" mas for meia-noite e não for seguro caminhar sozinho, passe para a próxima. Se a habilidade seguinte for "assistir à Netflix" mas você não conseguir se concentrar no seu programa favorito agora, passe para a próxima. É por isso que sua lista deve ser o mais longa possível. Algumas habilidades serão mais eficazes em certos momentos do que outras, mas o importante é continuar utilizando-as até que o alarme toque. Lembre-se: você quer adiar agir por impulso, para passar pela crise sem piorá-la.

Passo 4. Quando o alarme tocar após os 15 minutos, avalie seu impulso novamente. Se estiver mais fraco, possivelmente você poderá se parabenizar por um trabalho bem-feito e continuar com seu dia. Se o impulso permanecer o mesmo ou até tiver aumentado, idealmente você definirá o alarme para mais 15 minutos e voltará a usar mais habilidades. Isso pode ser realmente difícil, e a verdade é que nem sempre vai dar certo; mas mesmo que você acabe agindo por impulso, ainda precisa se dar crédito por ter usado as habilidades primeiro, ao invés de agir no piloto automático como normalmente faria. Isso é um progresso, e com o tempo você será mais capaz de usar essas habilidades para resistir a agir por impulso. É um trabalho árduo, requer muita prática e, como você provavelmente já sabe, valerá a pena em longo prazo.

PLANOS DE CRISE

Em uma situação de crise, pode ser difícil pensar com clareza — suas emoções tomam conta e você quer fazer o que seja confortável e fácil, mesmo que não seja algo proveitoso em longo prazo. Você pode se ajudar tendo uma ideia de seus fatores de risco (as pessoas, lugares ou coisas que desencadeiam estresse emocional em você) e dos sinais de alerta de que está entrando em uma crise ou perdendo o controle. Por exemplo, seus fatores de risco podem incluir brigas com seus pais ou andar com determinadas pessoas com as quais você sempre acaba discutindo; seus sinais de alerta podem ser que você pare de se importar com a escola e não faça mais sua lição de casa ou que se isole e durma mais. Você também vai querer pensar no que poderá fazer para se ajudar e quem mais poderá ser contatado para ajudá-lo.

Com um plano de crise ativo, você não precisará pensar sobre o que fazer quando estiver em crise — bastará consultar o seu plano, e ele lhe dirá o que fazer!

31 Criando um plano de crise

Ao preencher o seu plano, você pode consultar sua lista de habilidades de distração e autocuidado. Também pode ser útil compartilhar esse plano com suas pessoas de apoio, aquelas em sua vida com quem você se sente à vontade para conversar sobre seus problemas e com as quais sabe que poderá contar em tempos de crise — pode ser um dos seus pais, seu melhor amigo, uma tia ou tio favorito, ou um irmão (ou uma irmã) mais velho. Você também pode baixar este plano de crise na página do livro em loja.grupoa.com.br.

PLANO DE CRISE

Nome: ____

Meus fatores de risco ou desencadeantes são: ____________________

____

____

Quando estou entrando em crise, ou quando sinto que estou perdendo o controle, alguns dos sinais de alerta são:

____

____

____

____

Para ajudar a me regular rapidamente, posso:

____

____

____

____

Para ajudar a me distrair da crise, posso:

____

____

____

____

Para me acalmar, posso:

____

____

____

____

Minhas pessoas de apoio:

Nome: ______________________________ Telefone: ______________

Situação na qual devo ligar: ______________________________________

Nome: ______________________________ Telefone: ______________

Situação na qual devo ligar: ______________________________________

Nome: ______________________________ Telefone: ______________

Situação na qual devo ligar: ______________________________________

Nome: ______________________________ Telefone: ______________

Situação na qual devo ligar: ______________________________________

Linha de apoio em crises para ligar, enviar mensagem ou *e-mail* quando ninguém mais estiver disponível (p. ex., no meio da noite):

____

____

Outras informações que podem ser úteis para quem estiver me ajudando em uma crise (p. ex., informações sobre minha família e outras pessoas importantes para mim; minhas metas, *hobbies*, interesses; etc.):

____

____

____

Nomes e números de telefone de outras pessoas para contatar (se aplicável):

Psiquiatra: ____

Médico de família: ____

Orientador educacional, gestor de caso, psicoterapeuta ou outros profissionais envolvidos:

____

Pais, cuidadores ou outras pessoas de confiança que poderiam ser contatadas em caso de emergência:

____

CONCLUSÃO

Um dos principais motivos pelos quais as situações de crise podem ser tão difíceis de superar sem que as tornemos piores é que geralmente não nos planejamos para elas. Isso significa que acabamos recorrendo àquelas antigas, fáceis e confortáveis, mas prejudiciais, formas de lidar com a situação. Ao trabalhar ao longo deste capítulo — aprendendo a se regular, fazendo uma lista de habilidades de sobrevivência a crises, criando uma caixa de segurança e preenchendo o seu plano de crise —, você se planejou antecipadamente. Agora, você só precisa garantir que mantenha essas coisas à mão para que, quando começar a experimentar uma crise, possa pegar sua lista de habilidades e começar a usá-las — com o mínimo de reflexão necessária!

À medida que você usar essas habilidades ao longo do tempo, perceberá que o número de crises que experimenta diminuirá porque você se tornará mais capaz de lidar com o estresse e com outras emoções desconfortáveis e, também, porque deixará de piorar as coisas em uma crise, o que, no passado, provavelmente levava a mais crises. Não recorrer mais aos antigos padrões de comportamento também significa receber mais apoio de sua família e amigos quando eles virem que você está, de fato, se esforçando para fazer mudanças em sua vida e na maneira como administra suas emoções.

6

Melhorando seu humor

Até agora, neste guia, você aprendeu habilidades para ajudá-lo a gerenciar emoções dolorosas, bem como habilidades para ajudá-lo a evitar o surgimento de dor emocional extra. Mas mesmo que você esteja colocando isso em prática — e talvez se sentindo melhor e orgulhoso de si mesmo por suas realizações —, é importante entender que, se você experimenta depressão, ansiedade, raiva ou outras emoções difíceis regularmente, será necessário um esforço adicional para melhorar seu humor. Portanto, este capítulo aborda o que você pode fazer para aumentar suas emoções *prazerosas*.

O HUMOR NÃO MELHORA SEM ESFORÇO

Frequentemente, quando sentimos depressão, ansiedade, raiva ou qualquer outro tipo de dor emocional, não temos vontade de fazer nada. Porém, eis o dilema: a menos que realizemos atividades agradáveis, não começaremos a nos sentir melhor. Por mais difícil que seja, às vezes, fazer algo prazeroso quando estamos para baixo é uma maneira importante de nos ajudar a sair desse estado! Quando não fazemos coisas agradáveis, o tédio também pode surgir, nos causando mais problemas. Veja a história de Roberto para entender melhor essa ideia.

A HISTÓRIA DE ROBERTO

Roberto tinha 15 anos quando começou a ter problemas com ansiedade. Cerca de 1 ano depois, também foi diagnosticado com transtorno bipolar. Ele passou algum tempo no hospital, o que foi muito difícil para ele, e o que tornou as coisas ainda piores foi que perdeu muitos de seus amigos; perdeu a maior parte do último ano do ensino médio e, quando finalmente voltou à escola, a maioria de seus amigos já havia se formado e seguido em frente. Roberto conseguiu se formar no ensino médio, e seu transtorno bipolar finalmente estava sob controle, mas ele continuava tendo dificuldades com a ansiedade. Começou a fazer faculdade, mas decidiu fazer apenas uma disciplina por vez para torná-la mais administrável; também conseguiu um emprego de meio período em uma loja de varejo. Mas mesmo indo à faculdade um dia por semana e trabalhando dois a três dias por semana, Roberto estava entediado. Ele não tinha o suficiente para preencher seu tempo, o que o levou a outros problemas: começou a comer muito mais do que o habitual por causa do tédio, e essa sensação de tédio (e o peso que ganhou por comer mais) o fez se sentir mais triste.

O tédio frequentemente leva a comportamentos não saudáveis, como o aumento na ingestão de alimentos de Roberto. Ter muito tempo livre também pode nos deixar com tempo de sobra para pensar ou ruminar, o que também pode baixar nosso humor; isso, por sua vez, pode levar a outros impulsos e comportamentos não saudáveis. Esperamos que você esteja começando a ver a importância de aumentar a quantidade de atividade em sua vida!

32 Coisas de que você gosta

Quais tipos de atividades podem dar ao seu humor a oportunidade de melhorar? Certifique-se de não mirar muito alto: essas atividades podem ajudá-lo muito bem a se sentir um pouco mais feliz, relaxado ou contente, ou podem ser realmente divertidas, mas, às vezes, será útil pensá-las em termos do que será calmante, pacífico, satisfatório ou talvez capaz de lhe dar uma sensação de prazer ou contentamento. Esta atividade o ajudará a pensar sobre essas coisas e, em seguida, a começar a incorporá-las em sua vida para que, com o tempo, você se sinta melhor.

Faça uma lista de atividades de que gosta, seja algo que você está fazendo atualmente ou algo que costumava fazer e que era divertido ou o ajudava a se sentir relaxado ou contente. Os exemplos a seguir podem ajudá-lo a começar. Circule quaisquer das seguintes atividades que se apliquem e adicione suas próprias ideias nas linhas em branco.

Brincar com seu cachorro	Pintar
Praticar um esporte	Jogar *paintball*
Ler	Passar tempo com amigos
Tirar fotografias	________________
Ir ao cinema	________________
Fazer uma caminhada	________________

Certifique-se de usar outra folha de papel se ficar sem espaço. Quanto mais atividades você puder pensar, melhor.

Quantas vezes em uma semana você faz alguma dessas atividades? ____________

____

Idealmente, você deve fazer algo assim *todos os dias*! Não precisa ser algo grandioso, e você não precisa gastar muito tempo fazendo, mas quanto mais frequentemente você puder incorporar esse tipo de atividade em sua vida — mesmo que não esteja obtendo a mesma quantidade de prazer que costumava ter —, mais rápido seu humor começará a melhorar.

Se você ainda não tem atividades que poderia fazer todos os dias, pense nas que gostaria de fazer. Use o espaço a seguir (e papel extra, se precisar de mais espaço) para fazer um *brainstorming*. Seja criativo e não se limite; se uma atividade surgir em sua mente como algo que poderia ser divertido, relaxante, agradável ou interessante, anote-a mesmo que pareça irrealista, como viajar ou aprender a voar.

____

____

____

____

____

____

Muitas vezes temos coisas que gostaríamos de fazer que nem sempre são possíveis por algum motivo — não temos tempo, não podemos pagar, não temos idade suficiente ou qualquer outra razão. Mas só porque não podemos fazer uma determinada atividade não significa que não haja maneiras de experimentar coisas semelhantes. Por exemplo, se você sempre quis fazer um curso de fotografia, mas não tem dinheiro, pode encontrar um grupo com o mesmo interesse em *sites* como Pinterest ou Meetup, em que outros podem compartilhar seus conhecimentos gratuitamente; se não conseguir encontrar um grupo de interesse, crie um! Leia livros sobre fotografia. Veja se consegue encontrar fotógrafos locais para conversar sobre como eles começaram. Pense fora da caixa e lembre-se de que, às vezes, planejar pode ser tão divertido quanto fazer a atividade em si.

Em seguida, escolha um item da lista feita há pouco e veja se consegue elaborar um plano para se envolver nessa atividade ou em alguma semelhante, usando as seguintes perguntas para ajudá-lo:

Qual é a atividade da sua lista que você mais gostaria de fazer? Escreva-a aqui:

____

Há algo impedindo você de fazer essa atividade? Se sim, o quê?

____

____

Se não houver nada o impedindo de fazer a atividade, vá em frente e faça planos para realizá-la. Se não puder fazer a atividade por algum motivo, o que mais você pode fazer para aprender mais sobre ela ou talvez para experimentá-la de uma maneira diferente? Se não tiver certeza, peça ajuda a alguém em quem confia.

____

____

____

____

Seu próximo passo, é claro, é começar a se envolver em algumas dessas atividades.

CONSTRUINDO MAESTRIA

É importante realizar atividades que não apenas possam dar ao seu humor a oportunidade de melhorar, mas também que façam você se sentir produtivo, como se estivesse conquistando algo. Esta é a habilidade da terapia comportamental dialética (DBT) conhecida como *construção de maestria* (Linehan, 1993). As atividades que nos dão uma sensação de maestria são diferentes para cada um: para uma pessoa, pode ser levantar de manhã e chegar à escola no horário; para outra, pode ser trabalhar em um emprego de meio período, ir à academia, fazer trabalho voluntário ou ir ao treino de vôlei; para outra pessoa, ainda, pode ser socializar — reunir-se com amigos ou ir a uma festa. A atividade em si não importa tanto quanto a sensação que você obtém dela — aquele senso de realização, de poder dizer a si mesmo: *"Olha só o que eu fiz"*. A emoção que você busca ao construir maestria é a de ter se desafiado e estar orgulhoso de si mesmo por tê-lo feito. A história de Oliver é um exemplo disso.

A HISTÓRIA DE OLIVER

A mãe de Oliver havia falecido há 1 ano e, desde então, ele estava tendo problemas para controlar sua raiva. Frequentemente descontava no pai — mesmo quando sabia que não era realmente com o pai que estava zangado — porque ainda se sentia triste e com raiva pela perda da mãe. Oliver começou a praticar *mindfulness* e outras habilidades descritas neste livro para ajudá-lo a gerenciar melhor suas emoções. Gradualmente, percebeu que estava se sentindo mais no controle e descontando menos no pai. Em vez de deixar sua raiva dominá-lo, Oliver frequentemente conseguia se impedir de reagir; ele tirava um tempo para se acalmar e, então, conversava com o pai sobre o que o estava incomodando. Essa mudança deu a Oliver uma sensação de maestria — ele ficou orgulhoso de si mesmo por ser capaz de mudar seu comportamento e se sentiu bem com sua realização.

33 O que você pode fazer para construir maestria?

Lembre-se: construir maestria será diferente para cada pessoa. Você pode descobrir que algumas das atividades prazerosas que já listou também lhe darão um senso de realização, então talvez haja alguma sobreposição. Use o espaço a seguir para listar algumas atividades que você acha que o desafiarão e o ajudarão a se sentir bem consigo mesmo. Aqui estão algumas ideias para começar; circule as que fazem sentido para você e adicione suas próprias ideias nas linhas em branco.

Fazer trabalho voluntário em um banco de alimentos

Chegar à escola no horário certo

Obter pelo menos uma nota média B em matemática

Praticar as habilidades que está aprendendo neste livro

Limpar as folhas da calçada do vizinho

Terminar suas tarefas domésticas dentro do prazo

Sair com um grupo de amigos

____

____

____

Se você estiver tendo dificuldade para pensar no que lhe dará essa sensação de orgulho ou realização, tente pensar nas coisas que o fazem se sentir bem consigo mesmo. Pergunte-se o que diria a um amigo que estivesse tentando pensar em maneiras de melhorar sua autoestima. E não se esqueça, você sempre pode pedir ajuda a alguém em quem confie.

A IMPORTÂNCIA DE ESTABELECER METAS

Muitas vezes, alcançar uma meta tem o efeito de construir maestria, pois você não apenas desfruta de finalmente fazer o que se propôs a fazer, mas também conquista um senso de realização por chegar lá. Você sente algum tipo de emoção prazerosa — talvez felicidade, contentamento ou orgulho — por atingir essa meta. Você se sente melhor consigo mesmo, e isso, por sua vez, tem um impacto positivo em seu humor. Ter metas pelas quais você está ansiando e se esforçando ajuda a melhorar o seu humor e pode ajudar, também, a impedi-lo de agir de acordo com os impulsos para fazer coisas que seriam prejudiciais a você.

A HISTÓRIA DE AISHA

Aisha estava lutando contra um transtorno alimentar. Ela sabia que seu comportamento era insalubre e que estava sacrificando muito para manter sua alimentação desordenada — seus relacionamentos estavam sendo afetados, e não comer também lhe causava outros problemas, como depressão e dificuldades de concentração e memória —, mas continuava lutando com a ideia de desistir de querer ser mais magra.

Em certo momento, ela ouviu falar de uma oportunidade de fazer uma viagem ao Haiti com um grupo de voluntários de uma igreja local. Eles ajudariam a reconstruir o País após um terremoto devastador. Aisha sempre quis viajar e gostou da ideia de combinar isso com a intenção de ajudar os outros; ela pensou que essa viagem seria uma ótima oportunidade, então se inscreveu para ir. Aisha sabia que não seria permitido ir se estivesse doente, então começou a cuidar melhor de si mesma. Quando tinha vontade de não comer, lembrava a si mesma de que precisava estar em boa forma para fazer o trabalho que planejava fazer pelos outros; esse pensamento às vezes a ajudava a deixar o impulso de lado e a comer de maneira mais saudável. Ter a meta de ir ao Haiti ajudou Aisha a reduzir sua alimentação desordenada e a fazer mudanças positivas em sua vida.

Quando Aisha chegou ao Haiti, sentiu-se bem consigo mesma por alcançar sua meta apesar das lutas que estava enfrentando. Ela não apenas desfrutou de sua viagem e de toda a experiência, mas também se sentiu orgulhosa pelo que havia superado para alcançar sua meta. Aisha também se sentiu muito bem pela ajuda que pôde fornecer a pessoas menos afortunadas do que ela e pelo trabalho que seu grupo realizou enquanto estavam lá. Foi um trabalho árduo, mas que a deixou com a sensação de ter feito algo realmente valioso.

34 Estabelecendo metas para si mesmo

A meta de Aisha era grandiosa; obviamente, nem todos terão uma meta tão ambiciosa, especialmente em curto prazo. Mas você pode ver, pelo exemplo dela, que estabelecer metas e alcançá-las pode ter um impacto positivo de várias maneiras. Agora é sua vez de pensar sobre como você está se saindo nessa área de sua vida. Responda às seguintes perguntas para ajudá-lo a considerar suas próprias metas.

O que você se vê fazendo daqui a 6 meses? Pode ser qualquer coisa, desde trabalhar para gerenciar suas emoções de maneira mais saudável até começar uma faculdade, conseguir um emprego ou até mesmo viajar.

O que você se vê fazendo daqui a 5 anos? Não se preocupe se algumas de suas metas forem repetitivas; anote-as mesmo assim.

O que você já fez para trabalhar em direção a essas metas? Por exemplo, talvez você tenha procurado um psicoterapeuta para ajudá-lo a se sentir emocionalmente mais saudável, estudado para melhorar suas notas na escola ou feito trabalho voluntário para ajudá-lo a conseguir um bom emprego.

Em que mais você precisa trabalhar para alcançar as metas que listou?

O que você poderia fazer hoje para se ajudar a alcançar uma dessas metas?

Ao tentar estabelecer metas, certifique-se de dividir as maiores e de longo prazo em etapas menores. Por exemplo, se uma de suas metas for entrar em uma faculdade específica, as tarefas menores e mais alcançáveis para que você comece a trabalhar poderiam incluir fazer trabalho voluntário, ter aulas com um professor particular uma vez por semana para melhorar a sua nota em matemática, pesquisar a faculdade *on-line* e conversar com pessoas que já foram para a mesma instituição para descobrir o que aumentará suas chances de aceitação. Entrar na faculdade é a grande meta, o resultado final; dividir isso em etapas menores torna o alcance da sua meta mais realista e acessível e menos assustador.

E SE VOCÊ NÃO ESTIVER COM VONTADE?

Muitas pessoas dizem que gostariam de fazer algo, mas simplesmente não estão com vontade de fazê-lo; elas simplesmente não têm motivação para isso. Muitos de nós parecem ter desenvolvido a crença de que precisamos sentir motivação antes de poder fazer algo, mas isso não é verdade. Você pode adotar um novo lema: *Apenas faça!* O fato é que realizamos coisas o tempo todo sem estarmos realmente motivados para fazê-las. Por exemplo, com que frequência você realmente sente vontade de fazer sua lição de casa? Mas (eu espero) você a faz de qualquer maneira! Pense em todas as outras coisas que conseguimos fazer mesmo quando não estamos, de fato, com vontade: levantar-se da cama pela manhã para ir à escola; ir ao treino de futebol após um longo dia de aulas; encontrar-se com seu professor particular antes de, finalmente, poder relaxar após a escola; fazer suas tarefas domésticas; cuidar do seu irmão ou irmã mais nova; e assim por diante.

Então, o que torna essas coisas que fazemos o tempo todo diferentes de outras coisas que simplesmente não conseguimos nos obrigar a fazer? Muitas vezes, é o pensamento de que *deveríamos* querer fazer essas outras coisas. Quando se trata de algo que não queremos fazer, como lições de casa ou tarefas domésticas, fazemos de qualquer maneira porque sabemos que nunca vamos realmente nos sentir de forma diferente, mas quando é algo que achamos que *deveríamos* querer fazer, acreditamos que temos que esperar até realmente querer fazê-lo!

A verdade é que, muitas vezes, a motivação não vem até que você tenha começado a fazer uma atividade. Tente tratar a atividade como uma tarefa e faça-a independentemente de como você se sente a respeito dela; você habitualmente ficará surpreso ao descobrir que, depois de começar, sentirá vontade de continuar fazendo e pode até gostar de fazê-la. A história de Lisa ilustra esse ponto.

A HISTÓRIA DE LISA

Lisa tinha um cavalo chamado Urso, que ela mantinha em uma fazenda não muito longe de onde morava. Ela amava seu cavalo, mas quando se sentia deprimida, simplesmente não conseguia se motivar a visitá-lo. Ela passava semanas sem ver Urso, e isso a fazia se sentir péssima. Ela ficava pensando que deveria querer ir vê-lo, mas não conseguia.

Quando finalmente ia ao celeiro para ver Urso, ela acabava não apenas visitando-o (o que era seu plano), mas também o levava para um passeio. Ambos gostavam imensamente disso, e Lisa se sentia bem por ter realizado algo muito positivo naquele dia.

Portanto, quando você perceber que está pensando *"simplesmente não estou com vontade"*, lembre-se de fazer de qualquer maneira. Por mais estranho que possa parecer, você pode até querer agendar o evento para si mesmo: abra o calendário no seu celular ou *laptop*, ou pegue seu *planner* ou agenda, e decida um dia e um horário em que você vai fazer aquela atividade específica. Certifique-se de que seja realista e, então — aqui está a parte difícil —, trate a atividade como se fosse um compromisso que você marcou ou assumiu. Não haverá cancelamento, a menos que você esteja fisicamente doente ou que algo aconteça e torne realmente impossível alcançar seu objetivo. Assim, você para de considerar esse pensamento e torna menos provável que você se convença a não fazer a atividade — se Lisa sabe que tem o compromisso de visitar Urso na segunda-feira às 4 horas, por exemplo, não há a opção de pensar se ela está com vontade de fazê-lo ou não; ela simplesmente vai, porque está marcado. Fazer coisas apesar de não estar com vontade de fazê-las o ajudará muito a lidar com suas emoções dolorosas, à medida que você aumenta seu nível de atividade e o número de eventos positivos que experimenta em sua vida.

VENDO O LADO POSITIVO

Você já percebeu que quando se sente descontente, com raiva, ansiedade, ou quando tem outras emoções dolorosas, só consegue pensar nas coisas negativas em sua vida? É quase como se você estivesse usando antolhos que o impedem de ver qualquer coisa positiva. E muitas vezes, quando há algo positivo, você consegue encontrar uma maneira de minimizá-lo para que ainda alimente a sua visão negativa. Por exemplo, quando Lisa finalmente ia ver Urso, ela dizia para si mesma: *"Sim, eu vim visitá-lo, mas ele não é montado há semanas..."*.

Você pode ter ouvido a expressão "olhando o mundo através de óculos cor-de-rosa", referindo-se a pessoas que têm uma visão positiva ou que são percebidas como excessivamente otimistas. Bem, isso também é verdadeiro para pessoas que têm uma visão negativa ou que são pessimistas; pode-se dizer que estas usam óculos escuros que tingem tudo o que veem.

35 Focando nos pontos positivos

Seu humor obviamente tem um grande impacto na maneira como você vê as coisas. Quando você se sente mais feliz, pode ver as coisas mais positivas em sua vida pelo que elas são. Quando se sente mais descontente, tende a focar no lado negativo. Esta atividade tem como objetivo tirar esses óculos escuros e focar mais nas coisas positivas em sua vida, apesar de como você esteja se sentindo.

Nas próximas 2 semanas, preencha o quadro a seguir, anotando pelo menos um evento positivo que aconteça a cada dia e seus pensamentos e emoções sobre esse evento. Pode ser uma sensação que você experimentou, algo pelo qual se sentiu grato, algo gentil que alguém fez ou disse para você — ou que você fez ou disse para outra pessoa. Pode ser um belo nascer do sol, uma boa nota que você tirou na escola ou um momento pacífico e relaxante que você teve ao sentar-se no quintal com seu cachorro em um dia ensolarado. Não importa o que seja; o que importa é que você perceba o que está acontecendo.

Depois de completar seus 14 dias de registro, você pode achar útil continuar notando essas coisas positivas à medida que elas acontecem. Você também pode baixar este quadro na página do livro em loja.grupoa.com.br para uso futuro.

Data	Evento positivo	Pensamentos e emoções sobre o evento

ESTANDO CONSCIENTE DE SUAS EMOÇÕES

Os óculos escuros que nos impedem de notar eventos positivos quando sentimos muita dor emocional também podem nos impedir de notar o surgimento de emoções prazerosas. Às vezes, isso acontece porque a emoção prazerosa é muito breve; quando você está se sentindo deprimido, ansioso ou com raiva na maior parte do tempo, é fácil perder os pequenos momentos em que uma emoção agradável surge. Entretanto, é importante começar a treinar-se para notar quando isso acontece, para não perder esses momentos.

Treinar-se para estar atento aos eventos positivos que acontecem ao longo do seu dia é uma maneira de fazer isso — se você estiver mais consciente de um evento positivo, estará mais consciente das emoções prazerosas que vêm com ele.

Mas você já notou o que acontece quando você se sente descontente por muito tempo e, por acaso, percebe uma emoção prazerosa? Você tende a pensar algo como "*Ótimo, isso é um alívio do que eu tenho sentido ultimamente*"? Ou pensa de forma mais similar a "*Ok, é melhor eu não me acostumar com essa emoção, porque ela não vai durar*"?

Quando temos experimentado muita dor emocional, é difícil para a maioria de nós simplesmente aceitar qualquer experiência emocional, seja ela prazerosa ou dolorosa. Em vez disso, quando o que sentimos dói, queremos evitá-lo ou afastá-lo; e quando é uma emoção prazerosa, queremos nos agarrar a ela e tentar impedir que acabe. Tentar se livrar ou segurar as emoções dessa maneira geralmente faz elas permanecerem quando não as queremos e desaparecerem quando as queremos. No Capítulo 4, falamos sobre como aceitar uma situação o ajudará a reduzir seu sofrimento; isso também vale para suas emoções. Quando você conseguir aceitar plenamente que se sente ansioso, sua ansiedade se tornará mais tolerável e, gradualmente, desaparecerá. Quando você conseguir aceitar plenamente que, neste momento, se sente contente — em vez de se preocupar com quando essa alegria pode acabar ou tentar descobrir uma maneira de continuar se sentindo assim —, você aproveitará mais a emoção e ela permanecerá.

36 Estando consciente de suas emoções

Esta atividade ajudará você a entender como estar atento às suas emoções, independentemente de quão boas ou ruins elas sejam. Sentando-se em uma posição confortável, comece a observar o que você está sentindo. Pensamentos provavelmente virão à sua consciência, e você poderá notar certas sensações físicas. O que quer que entre em sua consciência, apenas o observe: permita-se senti-lo e rotulá-lo sem julgá-lo. Por exemplo, você pode notar que sente um frio na barriga — não julgue, tente interpretar ou pensar no que isso pode significar; apenas perceba: *"frio na barriga"*. Você pode notar que está tendo pensamentos de preocupação sobre uma situação em sua vida. Novamente, apenas perceba-os sem julgamento e rotule-os (p. ex., *"Estou tendo pensamentos de preocupação sobre meu exame na próxima semana"*). Quando você notar uma emoção que esteja experimentando, faça o mesmo. Sem julgá-la, tentar afastá-la ou mudá-la de alguma forma, apenas observe-a e descreva para si mesmo: *"Estou me sentindo ansioso"*. Também pode ajudar se você repetir o nome da emoção para si mesmo três ou quatro vezes; por exemplo: *"ansiedade... ansiedade... ansiedade"*. Ao fazer isso, você está reconhecendo a emoção sem tentar fazer nada a respeito dela; com essa autovalidação, quando você consegue aceitar plenamente uma experiência emocional, ela se torna menos dolorosa (ver Capítulo 4). Isso também é válido quando você espera sentir algo que não sente e se julga por isso — por exemplo, você já pensou consigo mesmo: *"Este é um momento feliz, então por que não estou mais animado"*? Julgar-se por não sentir algo também causa dor emocional, então pratique aceitar o que você sente e o que não sente. Este exercício também pode ser útil com emoções que não sejam dolorosas; note o que você estiver sentindo e o reconheça — por exemplo, *"contentamento... contentamento... contentamento"*.

Ao reconhecer suas emoções dessa maneira, você pode se afastar da tendência de julgá-las, tentar se agarrar às que quer manter ou afastar as que não quer ter. Em vez disso, você apenas experimenta qualquer emoção que esteja presente no momento.

CONCLUSÃO

Neste capítulo, você aprendeu como aumentar as emoções prazerosas em sua vida. Discutimos o aumento do número de atividades que você faz por prazer, bem como atividades que criam sentimentos de realização e orgulho. Também discutimos a importância de fazer as coisas mesmo quando você não necessariamente sente vontade de fazê-las e de estabelecer metas de curto e longo prazo para si mesmo. Finalmente, vimos a importância de estar consciente de suas emoções — como notá-las e aceitá-las pode lhe ajudar a impedir que as emoções dolorosas permaneçam e que as prazerosas se dissipem.

No próximo capítulo, veremos como você pode fazer mudanças positivas em seus relacionamentos, o que contribuirá para emoções de prazer e aumentará sua capacidade de gerenciar as próprias emoções de forma mais eficaz.

7

Melhorando seus relacionamentos

Os relacionamentos são uma grande parte de nossas vidas e podem afetar nosso humor. Quando as coisas estão indo bem em nossos relacionamentos, nos sentimos mais felizes; quando as coisas não estão tão boas, isso pode nos deixar descontentes. Precisamos ter amigos, família, pessoas que nos apoiem e se importem conosco, e pessoas com quem possamos socializar e fazer atividades. Ter esses tipos de relacionamentos nos ajuda a ser mais saudáveis emocionalmente. Infelizmente, no entanto, os relacionamentos também podem se tornar bastante complicados.

Neste capítulo, você primeiro pensará se tem relacionamentos suficientemente satisfatórios em sua vida e se precisa considerar terminar alguns deles que não sejam saudáveis. Em seguida, aprenderá algumas habilidades que lhe ajudarão a melhorar os relacionamentos que você tem em sua vida. Mas, antes, vamos começar olhando um exemplo de por que é tão importante ter relacionamentos em sua vida.

A HISTÓRIA DE ZECA

Zeca tinha 12 anos quando os colegas de escola começaram a intimidá-lo. Ele não sabia ao certo por que começaram a implicar com ele, mas eram implacáveis. As pessoas com quem costumava sair não queriam mais ser suas amigas, então Zeca ficou muito isolado e solitário na escola, o que o deixou realmente descontente. Ele começou a se sentir deprimido regularmente, a ponto de, às vezes, pensar em se envolver em comportamentos suicidas.

Felizmente, uma das orientadoras da escola viu o que estava acontecendo com Zeca e notou a queda constante em seu humor. Ela se preocupou em manter um contato regular com Zeca para que ele soubesse que não estava sozinho e pudesse ir à sala de orientação sempre que tivesse problemas. Ela também informou os pais de Zeca sobre o que estava acontecendo e, juntos, eles o incluíram em um grupo de apoio para crianças que sofriam *bullying*. Zeca conseguiu fazer alguns amigos nesse grupo, em que se sentia mais aceito e compreendido, e isso o ajudou a voltar a se sentir melhor consigo mesmo. A intimidação finalmente parou porque os pais de Zeca se envolveram, mas as coisas continuaram difíceis na escola porque alguns colegas ainda não queriam ser amigos dele. Apesar disso, Zeca sabia que agora tinha outros amigos e aguardava ansioso para passar tempo com eles fora da escola.

Os relacionamentos são incrivelmente importantes em nossas vidas. Sem eles, nos sentimos sozinhos e isolados; não temos ninguém com quem compartilhar nossas dores ou nossos sucessos, e isso pode nos levar a emoções intensas de tristeza e solidão. A solidão, aliás, pode não apenas causar dificuldades emocionais como as que mencionamos, mas também ter consequências para nossa saúde física. Um estudo mostrou que a solidão e o isolamento social podem ser tão prejudiciais à nossa saúde física quanto fumar 15 cigarros por dia (Holt-Lunstad et al., 2015).

37 Refletindo sobre seus relacionamentos atuais

Para cada uma das áreas a seguir, pense bem sobre quem atende a essas necessidades específicas em sua vida e escreva os nomes dessas pessoas. Você pode perceber que algumas pessoas se repetem em algumas áreas, e tudo bem; apenas certifique-se de ser o mais minucioso possível, para ter uma ideia precisa de quais áreas você pode precisar fortalecer. Se precisar de mais espaço, use outra folha de papel.

Apoio familiar

Você tem membros da família dos quais é próximo — pessoas com quem se sente confortável para se abrir, que o entendem e com quem você sabe que pode contar para obter apoio? Essas também podem ser pessoas que você considere como família, mesmo que não sejam parentes biológicos.

______________________ ______________________

______________________ ______________________

______________________ ______________________

Amigos próximos

Você tem um melhor amigo ou alguns melhores amigos com os quais sabe que pode contar, que o apoiarão e estarão ao seu lado? Eles não precisam ser pessoas da sua idade; você pode ter alguém mais velho ou mais jovem em quem pensa dessa forma. O importante é que você saiba que eles se importam com você e que o ajudarão nos momentos difíceis.

______________________ ______________________

______________________ ______________________

______________________ ______________________

Pessoas que você admira

Existe alguém em sua vida que você admire, que considere uma influência positiva, que realmente respeite e que, por sua vez, seja solidário e respeitoso com você? Pode ser um professor, um treinador, um líder na comunidade, alguém que você conheça por meio de sua afiliação religiosa, etc.

______________________	______________________
______________________	______________________
______________________	______________________

Pessoas com quem você socializa

Você pode perceber que tem alguns conhecidos com quem faz atividades sociais, mas que não considera como amigos próximos com quem compartilharia informações pessoais. Eles podem ser divertidos para sair, mas você não os considera entre seus bons amigos, em quem confiaria.

______________________	______________________
______________________	______________________
______________________	______________________

Relacionamentos não saudáveis

Você consegue pensar em algum relacionamento que tenha que, de alguma forma, não seja saudável? Por exemplo, talvez alguém que era um bom amigo e que atualmente beba muito, use drogas ou se envolva em outros comportamentos com os quais você não concorde, e você não saiba o que fazer a respeito; ou talvez haja alguém de quem você gostaria de ser próximo, mas não o trate muito bem. Pense em qualquer um desses relacionamentos que pareçam não saudáveis ou insatisfatórios para você e escreva os nomes dessas pessoas:

______________________ ______________________

______________________ ______________________

______________________ ______________________

Agora pense sobre como foi esse exercício para você. Foi difícil ou relativamente fácil? Ele trouxe alguma emoção para você? Olhando para o que escreveu em cada uma das categorias anteriores, o que isso diz sobre os relacionamentos que você tem em sua vida: você tem relacionamentos o suficiente e está satisfeito com os que tem? Você precisa de mais pessoas em determinadas áreas de sua vida? Talvez você tenha muitas pessoas para sair, mas não tenha amigos próximos o bastante. Talvez você tenha relacionamentos que precisam de mais atenção para que se tornem saudáveis e satisfatórios novamente. Escreva qualquer coisa que você tenha observado:

____

____

____

____

____

____

____

____

____

____

____

____

____

O restante deste capítulo o ajudará a explorar maneiras de desenvolver novos relacionamentos, se você acreditar que precisa de mais deles em sua vida. Também veremos habilidades que ajudarão você a ser mais eficaz com outras pessoas, para que tenha relacionamentos saudáveis e satisfatórios. À medida que continuar lendo, tenha em mente o que escreveu na atividade anterior e pense sobre quais objetivos você pode definir para seus relacionamentos.

TRAZENDO MAIS RELACIONAMENTOS PARA SUA VIDA

Você pode ter notado que tem uma tendência a se isolar quando se sente especialmente abalado por alguma emoção, se afastando de seus amigos e de outras pessoas que se importam com você. Ou, se você se sente muito irritado e expressa essa raiva de maneiras não saudáveis (como descontando em seus amigos), poderá perceber que seus amigos irão querer passar menos tempo com você. Isso terá o mesmo efeito: você acaba isolado e sozinho com mais frequência, com menos pessoas em sua vida. Se você tem se sentido como se não tivesse pessoas o bastante em sua vida, o que pode fazer a respeito?

Primeiro, você pode considerar se pode resgatar amizades antigas. Talvez você tenha brigado ou se afastado de um amigo muito bom, e o relacionamento acabou. Se este era um relacionamento importante para você e se você se arrepende do seu fim, talvez possa entrar em contato com essa pessoa. Lembre-se de que ela pode não estar interessada e que o vínculo pode não ser o mesmo de antes, mas se for um relacionamento que você gostaria de reiniciar, vale a pena tentar.

Em segundo lugar, você pode olhar para os relacionamentos que já tem e ver se há alguns que possa desenvolver em algo mais — como César fez.

A HISTÓRIA DE CÉSAR

César jogava futebol todo verão. Algumas pessoas do seu time iam para a mesma escola que ele e sempre eram agradáveis quando o viam, mas nunca tinham sido seus amigos. César decidiu que tentaria conhecê-los melhor. Então, um dia, em vez de almoçar sozinho na cafeteria como costumava fazer, ele encontrou duas pessoas do time de futebol em uma mesa e perguntou se podia se juntar a elas. Isso se tornou algo regular, e eles pareciam muito felizes em ter César comendo com eles. Logo eles não apenas almoçavam, mas ocasionalmente caminhavam juntos para casa depois da escola, e descobriram que tinham interesses em comum além do futebol. Aos poucos, esses dois conhecidos se tornaram amigos de César.

Em terceiro lugar, você pode pensar em maneiras de conhecer novas pessoas. Esta pode ser uma ideia assustadora, especialmente se a ansiedade for uma questão para você. Mas lembre-se de que ter relacionamentos saudáveis é uma maneira de aumentar as emoções prazerosas em sua vida, então isso é muito importante.

38 Aumentando os relacionamentos em sua vida

Esta atividade ajudará você a olhar diferentes maneiras de trazer mais relacionamentos para sua vida, bem como a melhorar nessas áreas. Eu sugeriria fazer este exercício mesmo se você achar que já tem amigos o bastante. Amigos nunca são demais!

Reacendendo relacionamentos passados

Primeiro, pense em algumas pessoas do seu passado com quem você gostaria de se reconectar. Escreva os nomes de todos que surgirem em sua mente:

____

____

____

Escolha uma pessoa que se destaque para você: como você poderia entrar em contato com essa pessoa? Pode ser fácil se ela ainda frequentar a sua escola ou se você ainda tiver o número dela, mas e se ela tiver se mudado e você não souber onde ela está? Escreva alguns pensamentos sobre como você poderia entrar em contato (p. ex., veja se consegue encontrá-la no TikTok ou no Instagram e envie uma mensagem curta para dizer olá):

____

____

____

Em seguida, considere o que você diria quando entrar em contato. Por exemplo, você precisa esclarecer algo que aconteceu entre vocês? Talvez você tenha descontado nessa pessoa a raiva que sentia por outras coisas, e ela tenha se cansado disso; você pode precisar explicar que percebeu que sua raiva é um problema e tem trabalhado nisso; talvez um pedido de desculpas seja necessário. Talvez sua vida tenha sido controlada pela ansiedade, e isso o tenha levado a afastar muitas pessoas de sua vida. Você precisa explicar essa situação para que seu amigo saiba que isso não deverá acontecer novamente? Escreva alguns pensamentos sobre o que você poderia dizer:

____

____

____

Evidentemente, o próximo passo é entrar em contato com essa pessoa e ver se você pode começar a se empenhar para se tornarem amigos novamente. Lembre-se de que o relacionamento provavelmente não será o mesmo de antes, especialmente no início; amizades levam tempo para se desenvolver, então tenha paciência. E se não receber uma resposta, lembre-se de que agora você tem habilidades para lidar com isso — talvez precise praticar aceitar essa realidade, agir de maneira oposta a uma emoção forte que surgir ou usar algum autocuidado para ajudá-lo a passar por momentos difíceis.

Transformando relacionamentos atuais em algo mais

Agora pense em algumas das pessoas que estão atualmente em sua vida e das quais você gostaria de se aproximar mais. Talvez, como César, você pratique um esporte e gostaria de se tornar mais amigo de alguns dos seus companheiros de equipe; ou talvez você tenha um trabalho de meio período ou faça trabalho voluntário e tenha conhecido alguém com quem gostaria de passar mais tempo. Escreva os nomes de quaisquer pessoas que você possa pensar e quaisquer outros pensamentos sobre isso:

____

____

____

Como você pode começar a desenvolver essa amizade (p. ex., sentando-se com alguém diferente no almoço ou convidando seu colega de trabalho para uma pausa com você)?

____

____

____

Encontrando maneiras de conhecer novas pessoas

Vamos, agora, para a parte realmente difícil: você consegue pensar em como poderia conhecer novas pessoas? Adicione suas ideias a estes exemplos:

Juntando-se a um grupo no Meetup.	Envolvendo-se com um grupo comunitário de jovens.
Entrando em um novo clube na escola.	Fazendo trabalho voluntário em um banco de alimentos ou abrigo de animais.
Matriculando-se em aulas de espanhol.	Tentando entrar para um time esportivo na escola.
____________________	____________________
____________________	____________________
____________________	____________________

Para muitos de nós, a ideia de sair e conhecer novas pessoas é extremamente intimidante. No entanto, lembre-se de que os relacionamentos são uma parte necessária da vida. Se isso for realmente assustador para você, considere se há alguém com quem possa fazê-lo. Talvez você conheça alguém em uma situação semelhante e vocês possam, juntos, trabalhar para aumentar os relacionamentos em suas vidas.

Além disso, pode ser útil pensar em um momento da sua vida em que você tinha mais relacionamentos: pessoas para quem podia ligar para conversar; alguém que você sabia que sempre estaria ao seu lado; pessoas que você podia chamar apenas para passarem um tempo juntos. Você se lembra de como era ser aceito, fazer parte de um grupo (mesmo que pequeno), sentir-se compreendido e querido pelos outros? Os seres humanos são sociais; precisamos de relacionamentos em nossas vidas. Portanto, por mais difícil que possa ser, você precisa encontrar maneiras de preencher essa necessidade.

COMO A COMUNICAÇÃO EFICAZ AJUDA OS RELACIONAMENTOS

Muitas das habilidades que você já aprendeu neste guia podem ajudá-lo a ter relacionamentos saudáveis. Por exemplo, melhorar sua autoconsciência e sua capacidade de autogerenciamento por meio do *mindfulness* e das outras habilidades que você aprendeu — bem como por meio do que aprendeu sobre emoções, o propósito ao qual elas servem e como elas afetam você — o ajudará a ser mais eficaz em seus relacionamentos. Usar habilidades para não agir por impulso em situações de crise ajuda a evitar que os outros se sintam esgotados e frustrados com você, o que também tem um impacto positivo em seus relacionamentos. Nesta seção, vamos olhar algumas habilidades específicas que podem ajudá-lo a se comunicar melhor com as pessoas, o que ajudará você a manter e até a melhorar seus relacionamentos com os outros.

Você já se sentiu ferido, decepcionado ou com raiva de um amigo e não quis falar com ele sobre isso porque temia que dizer como se sentia só piorasse as coisas? Talvez você tenha se preocupado que a outra pessoa sentisse raiva de você por isso e talvez deixasse de ser sua amiga. Então, você decidiu não ter essa conversa e reprimiu suas emoções; ou decidiu que a amizade não valia a pena, pela dor emocional que estava sentindo, e planejou terminar o relacionamento. Existem muitas coisas que podem dar errado em um relacionamento quando não estamos nos comunicando adequadamente. Vamos dar uma olhada em alguns exemplos de como nos comunicamos.

Passivo

Se você é uma pessoa *passiva*, muitas vezes reprime suas emoções em vez de expressá-las. Isso geralmente ocorre por medo; talvez você tenha receio de ferir outra pessoa, ou tema que ela fique com raiva de você e não queira mais ser sua amiga. Parece mais fácil simplesmente guardar suas emoções e não dizer nada do que falar e arriscar que a outra pessoa pense ou sinta algo negativo em relação a você. Isso é compreensível; muitas pessoas temem o conflito, e é claro que não queremos perder relacionamentos. Muitas vezes, no entanto, ser passivo resulta em outras pessoas ferindo você e violando seus direitos. Isso também mostra uma falta de respeito pelas suas próprias necessidades e, com o tempo, terá consequências negativas para você e para seus relacionamentos — você começará a se sentir ressentido com a outra pessoa porque suas necessidades não estão sendo atendidas. Em outras palavras, não é eficaz.

Agressivo

Se você é uma pessoa *agressiva*, você se expressa de uma maneira dominadora e controladora — gritando, xingando, atirando coisas, ameaçando, e assim por diante. Você se preocupa em conseguir o que quer, independentemente de como isso afeta os outros. Agressores são comunicadores agressivos; eles são diretos de uma maneira contundente e exigente. Quando você se comunica dessa forma, geralmente deixa os outros se sentindo ressentidos, magoados e até com medo de você. Você pode conseguir o que quer, mas à custa dos outros. Esse estilo de comunicação também pode ter um custo para você, caso acabe se sentindo culpado ou envergonhado pelo seu comportamento. Ser agressivo também torna mais provável que você perca relacionamentos importantes para você, porque as pessoas normalmente não toleram ser desrespeitadas e maltratadas por muito tempo.

Passivo-agressivo

Se você é *passivo-agressivo*, geralmente não se expressa de forma direta — novamente, por medo (p. ex., medo de conflito ou de como a outra pessoa reagirá). Pessoas que são passivo-agressivas expressam suas emoções de maneiras mais sutis: usando sarcasmo, dando aos outros um tratamento silencioso, batendo a porta ao sair de um cômodo. Se você é passivo-agressivo, certamente pode transmitir sua mensagem sem dizer, de fato, as palavras, mas faz isso de uma maneira que ainda é prejudicial para seu relacionamento. Ou você pode, ainda, ser indireto e pouco claro com sua mensagem — você diz uma coisa, mas depois envia uma mensagem contraditória (p. ex., você diz que "não tem importância" se seus amigos não escolhem o filme que você queria ver, mas depois fica quieto pelo resto da noite porque está com raiva da escolha).

Assertivo

Ser *assertivo* é a forma mais saudável de comunicação. Quando você é assertivo, expressa seus pensamentos, emoções e opiniões de maneira clara, honesta e apropriada. Você é respeitoso com as outras pessoas e consigo mesmo. Embora esteja preocupado em tentar atender às suas próprias necessidades, você também tenta atender às necessidades do outro tanto quanto possível. Assertividade também significa ouvir e negociar para que os outros escolham cooperar voluntariamente com você, porque eles também estão obtendo algo nessa interação (Van Dijk, 2009). Quando você se comunica dessa forma com os outros, eles se sentem respeitados e valorizados, e serão mais propensos a responder tratando você da mesma maneira.

Pessoas que se sentem bem consigo mesmas tendem a se comunicar de forma assertiva; quando você tem uma autoestima saudável, reconhece o próprio direito de expressar suas crenças e emoções. Mas isso também funciona no sentido contrário: ao se comunicar de forma assertiva, você melhora como se sente sobre si mesmo. Ser assertivo melhorará suas interações com os outros e seus relacionamentos em geral, o que também ajudará você a se sentir bem consigo mesmo.

Lembre-se de que leva tempo e prática para mudar seus padrões, então pode ser difícil se tornar assertivo imediatamente se você não estiver acostumado a se comunicar dessa forma.

39 Qual é seu estilo de comunicação?

Antes de mudar um padrão, primeiro você precisa estar ciente dele. Leia as seguintes declarações para ajudá-lo a ter uma ideia de qual é o seu próprio estilo de comunicação. Você provavelmente verá que se comporta de muitas dessas maneiras em diferentes momentos, então, ao pensar sobre cada declaração, marque aquelas que parecem descrevê-lo melhor. Quando terminar, some o número de marcações em cada seção para ver quais estilos de comunicação você usa com mais frequência.

Passivo

- ☐ Eu tento reprimir minhas emoções em vez de expressá-las para os outros.
- ☐ Eu me preocupo que expressar-me faça os outros ficarem com raiva ou não gostarem de mim.
- ☐ Eu frequentemente me ouço dizendo “Não me importo” ou “Isso não tem importância para mim” quando, na verdade, eu me importo e algo tem importância.
- ☐ Eu tento não criar confusão, ficando quieto por não querer chatear os outros.
- ☐ Geralmente eu concordo com as opiniões dos outros porque não quero ser diferente.

Total: __________

Agressivo

- ☐ Estou preocupado em conseguir o que quero, independentemente de como isso afeta os outros.
- ☐ Eu frequentemente grito, xingo ou uso outros meios agressivos de comunicação.
- ☐ Meus amigos muitas vezes têm medo de mim.
- ☐ Eu não me importo realmente se os outros conseguem o que precisam, contanto que minhas necessidades sejam atendidas.
- ☐ Já ouvi outros dizerem que tenho uma atitude do tipo “É do meu jeito ou de jeito nenhum”.

Total: __________

Passivo-agressivo

- ☐ Tenho tendência a ser sarcástico em conversas com os outros como uma maneira de expressar indiretamente uma emoção ou opinião.
- ☐ Tenho tendência a dar um tratamento silencioso quando estou com raiva de alguém.
- ☐ Frequentemente me pego dizendo uma coisa, mas realmente pensando em outra.
- ☐ Geralmente sou relutante em expressar minhas emoções em palavras, recorrendo, em vez disso, a comportamentos agressivos (como o de bater portas).
- ☐ Tento transmitir minha mensagem de maneiras mais sutis por medo de que expressar-me faça os outros ficarem com raiva ou deixarem de gostar de mim.

Total: __________

Assertivo

- ☐ Eu acredito que tenho o direito de expressar minhas opiniões e emoções.
- ☐ Quando estou tendo um desentendimento com alguém, consigo expressar minhas opiniões e emoções de maneira clara e honesta.
- ☐ Ao me comunicar com os outros, trato-os com respeito enquanto também respeito a mim mesmo.
- ☐ Eu ouço atentamente o que as outras pessoas estão dizendo, enviando-lhes a mensagem de que estou tentando entender sua perspectiva.
- ☐ Eu tento negociar com a outra pessoa se tivermos objetivos diferentes, em vez de apenas focar em atender às minhas próprias necessidades.

Total: __________

Agora, dê uma olhada para ver se você marcou mais em uma área. Você pode perceber que tende a usar o mesmo estilo de comunicação em diferentes situações, ou pode notar que tem traços de alguns ou de todos os estilos, dependendo da situação e da pessoa com quem estiver se comunicando.

É importante estar ciente de seus próprios padrões para que você possa trabalhar para se tornar mais assertivo. E mesmo que você já esteja sendo assertivo regularmente, reserve um tempo para ler as habilidades a seguir, que o ajudarão a continuar indo bem; é difícil ser assertivo o tempo todo e com todos em nossas vidas!

COMO COMUNICAR-SE DE FORMA ASSERTIVA

Possivelmente você percebe, agora, que ser assertivo o ajudará em seus relacionamentos. Mas como fazer isso? As diretrizes a seguir podem ajudá-lo.

Seja claro sobre o que você quer

Assertividade se trata de pedir algo a alguém, como pedir ao seu pai uma carona até o *shopping*, pedir ajuda a um professor com uma tarefa ou convidar um amigo para ir ao cinema no fim de semana. Assertividade também pode se referir a dizer não a um pedido de outra pessoa — como quando um amigo lhe pede dinheiro emprestado e você não quer emprestar porque ele não pagou uma dívida com você no passado. A primeira coisa que você precisa fazer para se comunicar assertivamente é decidir exatamente o que você quer em uma situação.

Depois de decidir qual gostaria que fosse o resultado, então diga clara, honesta e especificamente o que você quer dizer. Por exemplo, se você está se sentindo magoado ou irritado com algo que a outra pessoa fez, diga-lhe especificamente o que ela fez e como você se sente a respeito. Quando estiver lhe dizendo isso, tente declarar suas próprias emoções primeiro, dizendo "Eu me senti magoado quando você disse isso" em vez de "Quando você disse isso, eu me senti magoado". Pode não parecer muita diferença, mas a primeira maneira passa a ideia de que você está assumindo a responsabilidade por suas próprias emoções, enquanto a segunda parece culpar a outra pessoa por como você se sente.

Esta é uma ideia importante para lembrar: cada um de nós é responsável por nossas próprias emoções. Você não quer culpar os outros por como se sente, assim como não quer que eles culpem você por como se sentem. Vamos ver um exemplo para ajudar a esclarecer isso.

A HISTÓRIA DE MARGARIDA

Margarida estava em casa, de volta do colégio interno, para as férias de primavera. Ela ficaria em casa por pouco tempo e estava tentando passar o máximo de tempo possível com sua família e seus amigos. Ela passou dois dias com a irmã e a família da irmã, e elas haviam combinado que Margarida voltaria lá por mais dois dias antes de voltar para a escola. No entanto, à medida que esse momento se aproximava, Margarida decidiu que não voltaria para a casa de sua irmã, afinal, porque ainda tinha alguns amigos que não tinha visto. Margarida mandou uma mensagem de texto para a irmã, explicando sua decisão, mas a mensagem que recebeu em retorno dizia o quanto sua irmã estava triste e decepcionada e que sua sobrinha e sobrinho também estavam muito decepcionados porque ficariam longe da tia Margarida novamente por bastante tempo.

Embora tenha sido a decisão de Margarida que levou sua irmã a se sentir triste e decepcionada, não foi culpa de Margarida que sua irmã se sentisse assim, nem era responsabilidade dela mudar sua decisão para fazer a irmã se sentir melhor. Margarida poderia decidir, com seu *self* sábio, mudar de ideia, após perceber como sua irmã, sua sobrinha e seu sobrinho se sentiam — e, claro, faria sentido ela fazer isso! Mas o ponto é que outras pessoas nem sempre vão concordar com as escolhas que você faz. Como elas se sentem é responsabilidade delas, não sua, e você não é obrigado a mudar de ideia por causa da forma como alguém reage à sua decisão.

Ouça conscientemente

Lembre-se de que ser assertivo não é apenas atender às suas próprias necessidades, mas também tentar atender às necessidades da outra pessoa para que ambos fiquem satisfeitos. Para conseguir isso, é importante saber o que a outra pessoa quer da interação. Então, preste atenção e certifique-se de não fazer outra coisa enquanto conversa; enviar mensagens para alguém ou usar fones de ouvido fará a outra pessoa sentir que você não está realmente prestando atenção e não se importa com o que está sendo dito. Em vez disso, ouça conscientemente — com toda a sua atenção, percebendo quando sua mente divaga e trazendo-a de volta ao momento presente.

Seja não julgador

No Capítulo 4, vimos a importância de ser não julgador para reduzir a quantidade de dor emocional que você experimenta. Essa habilidade também é incrivelmente útil quando se trata de relacionamentos. Você sabe como é se sentir julgado, então tente falar com a outra pessoa da maneira como gostaria que falassem com você. Não culpe, não julgue — apenas atenha-se aos fatos e a como você se sente sobre uma situação.

Valide os outros

Validar os outros também é útil quando você está tentando se comunicar de forma eficaz. Não interrompa: dar espaço para os outros falarem indica que o que estão dizendo é importante para você. Repercuta com os outros o que eles dizem para você, para que fique claro que está ouvindo e entendendo o que estão dizendo; se necessário, faça perguntas para esclarecer e garantir que você os entenda. Deixe-os saber que o que eles têm a dizer é importante e faz sentido para você, mesmo que você não concorde. Todos nós já tivemos, em algum momento, a experiência de sermos validados por outra pessoa, e sabemos como é bom ser ouvido e compreendido. Fazer isso por seus amigos contribuirá muito para melhorar seus relacionamentos.

Aja de acordo com seus valores

Quando você está se afirmando, é importante saber quais são seus valores (se precisar, revise o trabalho que fez sobre isso no Capítulo 1) e manter-se fiel a eles (Linehan, 1993). Se alguém lhe pedir para fazer algo que vai contra o que você acredita, provavelmente você não se sentirá bem consigo mesmo se concordar com o pedido. Por exemplo, sua amiga diz que vai a uma festa neste fim de semana e que vai dizer aos pais que está dormindo na sua casa, então pede para você mentir para os pais dela caso liguem para sua casa procurando por ela. Se mentir vai contra seus valores, você certamente não se sentirá bem consigo mesmo — ou em relação ao seu relacionamento com essa amiga — se concordar com o pedido dela.

Inventar desculpas também se enquadra nessa categoria. Por exemplo, você já teve vontade de inventar uma desculpa quando alguém lhe pediu para fazer algo que você realmente não queria fazer? Não há problema algum em dizer não e ser honesto sobre o motivo — mesmo que seja apenas porque você não quer! Também é importante notar que você não precisa apontar um motivo — pode simplesmente dizer não. Se você puder ser assertivo e dizer que não quer fazer o que a pessoa estiver pedindo, seu autorrespeito aumentará (Van Dijk, 2009). Evidentemente, você também precisa equilibrar isso com a necessidade de não prejudicar o relacionamento. Dizer à sua amiga que você não se sente bem em mentir para os pais dela é uma coisa; dizer à sua amiga que você não quer ir à casa dela porque não gosta dos pais dela é outra! Quando a verdade seria prejudicial, é aceitável recorrer a uma *pequena mentira* inofensiva ou inconsequente. Não ser totalmente honesto, no entanto, deve vir de um lugar de sabedoria interna, e não do seu eu emocional; fazer isso raramente e com cautela garantirá que essa atitude não afete seu autorrespeito.

Não se desculpe demais

Uma última palavra sobre autorrespeito: não exagere no "Desculpe-me". Muitas vezes temos vontade de nos desculpar por coisas que, na verdade, não são nossa culpa. Dizer que está arrependido significa que você está assumindo a responsabilidade por algo, ou seja, está reconhecendo que se sente errado e que mencionará isso aos outros também. Com o tempo, esse sentimento de responsabilidade por coisas pelas quais você não é efetivamente responsável diminuirá seu autorrespeito. Portanto, peça desculpas apenas quando tiver feito algo pelo que realmente precise se desculpar (Linehan, 1993). Você também pode considerar outras palavras que possam se encaixar melhor em uma situação do que um pedido de desculpas — quando você esbarrar em alguém andando pelo corredor movimentado da escola, que tal "Com licença" em vez de "Desculpe-me"?

40 Refletindo sobre suas habilidades de assertividade

Agora que você aprendeu algumas técnicas específicas que o ajudarão a ser mais assertivo, reserve um momento para pensar sobre quais habilidades você já usa e quais são as áreas em que precisa trabalhar. A seguir está a lista de habilidades revisadas; no espaço fornecido, faça algumas anotações sobre como você se sai em cada habilidade. Por exemplo, você usa essa técnica frequentemente? Consegue identificar situações ou pessoas com quem tenha dificuldade para usá-la?

Seja claro sobre o que você quer. Você expressa clara e honestamente suas opiniões e emoções?

____

____

____

____

____

____

____

____

Ouça conscientemente. Você deixa tudo de lado e foca apenas na pessoa com quem está interagindo?

____

____

____

____

____

____

____

____

Seja não julgador. Você tenta evitar julgamentos e culpas, atendo-se apenas aos fatos e às suas emoções?

Valide os outros. Você dá espaço para a outra pessoa falar, sem interrupções? Você repercute o que a outra pessoa está dizendo e lhe faz perguntas para garantir que entendeu?

Aja de acordo com seus valores. Você diz não a pedidos que vão contra seus valores? Você tenta ser honesto e evita inventar desculpas?

____

____

____

____

____

____

____

____

Não se desculpe demais. Você frequentemente se ouve pedindo desculpas por coisas que não são sua culpa?

____

____

____

____

____

____

____

____

ENCONTRANDO EQUILÍBRIO NOS RELACIONAMENTOS

Provavelmente você já ouviu que o equilíbrio é importante nos relacionamentos e que deve haver reciprocidade. Agora que você refletiu sobre como se comunica e o que pode fazer para melhorar suas habilidades de comunicação, vamos olhar para uma última área muito importante: como encontrar esse equilíbrio.

Prioridades vs. Responsabilidades

Primeiro, é importante olhar exatamente o que você está equilibrando. No Capítulo 6, você aprendeu sobre a importância de ter atividades que sejam prazerosas em sua vida: talvez divertidas, interessantes, relaxantes ou gratificantes. Pense nelas como suas *prioridades*. É uma prioridade para você fazer essas coisas porque você as aprecia ou porque elas são importantes para você por algum outro motivo. Por exemplo, aprender espanhol pode não ser exatamente divertido para você, mas é importante porque você planeja viajar muito ou porque quer conseguir um emprego no exterior quando for mais velho.

Evidentemente, todos nós também temos certas *responsabilidades* — aquelas expectativas que os outros têm de nós, seja ir à escola, fazer lições de casa, cumprir tarefas domésticas ou cuidar de irmãos mais novos. Já falamos sobre a importância de ter prioridades, mas e as responsabilidades? A verdade é que também é importante ter responsabilidades para sentir-se necessário ou realizado. Por mais que reclamemos de nossas responsabilidades às vezes, sem elas simplesmente teríamos uma lacuna em nossas vidas (Linehan, 1993).

Algumas coisas podem ser tanto prioridades quanto responsabilidades. Por exemplo, ir à escola é uma responsabilidade. Legalmente, você tem que ir, e seus pais insistem que você vá. Mas talvez você realmente goste da escola, ou talvez a tolere porque quer ir para a faculdade ou quer conseguir seu emprego dos sonhos como piloto; se for esse o caso, a escola também é uma prioridade para você. Outro bom exemplo é passear com seu cachorro. Esta é uma responsabilidade, uma demanda que é colocada sobre você pelo seu cachorro e, talvez, pelos seus pais, mas se você também gosta realmente de passar esse tempo com seu animal de estimação, é uma prioridade *e* uma responsabilidade. O objetivo, como na maioria das coisas em uma vida saudável, é *equilibrar* nossas atividades prazerosas com nossas responsabilidades.

Muitas vezes encontramos problemas nos relacionamentos quando nossas prioridades entram em conflito com nossas responsabilidades ou com as demandas que os outros colocam sobre nós (Linehan, 1993). Por exemplo, sua mãe diz que nesta terça-feira ela chegará tarde em casa, por causa de uma reunião, e você precisará buscar sua irmãzinha no ponto de ônibus; mas as seletivas para o time de líderes de torcida também são na terça-feira. Esse conflito é o momento perfeito para usar suas habilidades de assertividade. Gritar com sua mãe não vai funcionar. Concordar e esconder as lágrimas não vai funcionar. Ir para o seu quarto e bater a porta não vai funcionar. Você precisa expressar para sua mãe, clara e honestamente, os fatos da situação e como se sente sobre isso, e ver se pode negociar uma solução que atenda às necessidades de ambos os lados.

41 Prática de assertividade

Agora é a hora de pensar em colocar essas habilidades de assertividade em prática. Pense em uma situação passada em que você poderia ter sido mais assertivo; talvez você pense em um momento em que uma prioridade sua entrou em conflito com algo que outra pessoa queria que você fizesse. Escreva alguns detalhes sobre a situação. Por exemplo, quem estava envolvido? Qual era o problema?

O que você realmente disse na situação? Qual foi o resultado?

O que você poderia ter feito ou dito de forma diferente para criar um resultado melhor para você e para a outra pessoa?

Pense em uma situação que provavelmente acontecerá no futuro; por exemplo, talvez alguém lhe peça para fazer algo que você não vai querer fazer, ou em breve haverá uma festa sobre a qual você ainda não conversou com seus pais. Escreva sobre a situação:

Como você poderia lidar com essa situação de forma assertiva? Seja específico: escreva as palavras exatas que você gostaria de dizer para a outra pessoa. Também se certifique de ser claro sobre o que você quer da outra pessoa, seja a respeito de algo que você estiver lhe pedindo ou se quiser dizer não a algo que ela está pedindo. Quanto mais claro e específico você puder ser, mais provável será que você atinja seu objetivo.

Depois de ter essa conversa, volte a este guia e escreva algumas notas sobre como você se saiu. Você agiu de forma assertiva? Qual foi o desfecho? Você ficou satisfeito com os resultados? Você poderia ter feito algo de forma diferente para obter um resultado mais positivo?

Agora reserve um tempo para considerar uma conversa que você precisa ter com alguém. Você pode precisar pedir ajuda extra ao seu professor de química; perguntar aos seus pais se você pode pegar o carro no fim de semana; ou até mesmo pedir ajuda a alguém da sua operadora de celular para reduzir sua conta mensal. Imaginar essas conversas com antecedência tornará mais provável que você consiga atender às suas necessidades, então escreva o que gostaria de dizer usando as habilidades de assertividade que aprendeu.

____

____

____

____

____

____

Agora pratique: leia suas palavras para si mesmo em um espelho, para que você possa ver a sua aparência enquanto diz essas palavras. Pratique ter essa conversa com uma pessoa de confiança, se puder, para aumentar sua confiança. Certifique-se de imaginar a si próprio dizendo claramente o que quer dizer. Praticar um resultado positivo, mesmo que seja em sua imaginação, torna realmente mais provável que você consiga atender às suas necessidades!

____

____

____

____

____

____

CONCLUSÃO

Neste capítulo, vimos muitas informações para ajudá-lo em seus relacionamentos. Você aprendeu por que os relacionamentos são tão importantes, bem como por que precisamos deles, e obteve algumas dicas para ajudá-lo a aumentar o número de relacionamentos em sua vida. Você aprendeu como a comunicação eficaz pode contribuir muito para melhorar seus relacionamentos, sobre os diferentes estilos de comunicação e, também, como ser mais assertivo.

Lembre-se de que nossos relacionamentos influenciam como nos sentimos emocionalmente, então é importante ter pessoas positivas e saudáveis em nossas vidas. Estamos quase no fim deste guia, então certifique-se de continuar pensando muito nessas habilidades.

8

Juntando tudo

Ao longo deste livro, você aprendeu muitas habilidades diferentes que podem ajudá-lo a reduzir sua carga emocional e a gerenciar suas emoções de maneira mais eficaz. Espero que você tenha se esforçado para colocar essas habilidades em prática e tenha visto algumas mudanças — mesmo que pequenas até o momento. Quanto mais você continuar praticando as habilidades que aprendeu aqui, mais mudanças positivas verá. Neste capítulo, vamos dar uma olhada rápida em como você se saiu até agora e para onde precisa ir a partir daqui; em seguida, você aprenderá uma última habilidade para ajudá-lo a chegar lá.

42 Autoavaliação

Esta é a mesma autoavaliação que você completou na introdução deste guia. Reserve alguns minutos para completá-la novamente — marcando cada uma das seguintes afirmativas que se aplicam a você —, e veja se conseguiu fazer algumas mudanças em sua vida com as novas habilidades que aprendeu.

Mindfulness

- ☐ Frequentemente digo ou faço coisas sem pensar e depois me arrependo das minhas palavras ou ações.
- ☐ Costumo sentir que não sei realmente quem sou, do que gosto e do que não gosto, e quais são meus valores.
- ☐ Muitas vezes sigo as crenças e os valores dos outros para não me sentir diferente.
- ☐ Às vezes me sinto mal ou chateado sem saber exatamente o que estou sentindo ou por quê.
- ☐ Costumo julgar a mim mesmo ou outras pessoas de forma crítica.
- ☐ Frequentemente tento evitar coisas que me deixem desconfortável.
- ☐ Muitas vezes me pego dizendo coisas como "*Isso não deveria ter acontecido*", "*Não é justo*" ou "*Isso não está certo*".

Regulação emocional

- ☐ Tento evitar minhas emoções dormindo, festejando muito, mergulhando em *videogames* ou fazendo outras coisas que me afastem das minhas emoções.
- ☐ As emoções me assustam. Tento afastá-las ou me livrar delas de outras maneiras.
- ☐ Tenho a tendência de me fixar nas coisas de que não gosto na minha vida.
- ☐ Não sou muito ativo e não faço atividades de que gosto regularmente.
- ☐ Evito estabelecer metas de curto ou longo prazo para mim; por exemplo, evito pensar onde gostaria de estar em um ano, em dois anos ou em cinco anos.
- ☐ Frequentemente não tenho eventos ou situações futuras para aguardar com expectativa em minha vida.

Tolerância ao mal-estar

- ☐ Regularmente me fixo em coisas dolorosas que aconteceram comigo.
- ☐ Frequentemente me encontro sentindo emoções dolorosas por pensar em coisas que aconteceram no passado ou que podem acontecer no futuro.
- ☐ Tenho tendência a ignorar minhas próprias necessidades; por exemplo, geralmente não tiro tempo para fazer coisas que são relaxantes, reconfortantes ou agradáveis para mim.
- ☐ Quando estou em crise, frequentemente pioro a situação fazendo coisas problemáticas como beber ou usar drogas, agredir outras pessoas que estão tentando ajudar, e assim por diante.
- ☐ Tenho tendência a perder amigos ou o apoio da minha família porque eles não gostam das coisas que faço para lidar com minhas emoções.

Efetividade interpessoal

- ☐ Sinto que dou ou recebo mais em meus relacionamentos, ao invés de ter um equilíbrio entre dar *e* receber.
- ☐ Frequentemente sinto que se aproveitam de mim em meus relacionamentos.
- ☐ Quando os relacionamentos não estão indo bem, tendo a terminar sem antes tentar resolver os problemas.
- ☐ Frequentemente tenho dificuldade em manter relacionamentos em minha vida.
- ☐ Tenho tendência a ser mais passivo na comunicação com os outros; por exemplo, não me defendo e sempre concordo com a outra pessoa.
- ☐ Tenho tendência a ser mais agressivo na comunicação com os outros; por exemplo, tento impor minha opinião à outra pessoa.
- ☐ Tenho tendência a me envolver em relacionamentos com pessoas que fazem coisas prejudiciais (como usar drogas ou beber muito, ou se envolver em muitos problemas com os pais ou até mesmo com a polícia) ou com pessoas que não me tratam bem ou que me intimidam.

Compare sua primeira avaliação com esta. Você nota alguma diferença? Você começou a trabalhar para alcançar algumas das metas que identificou no início do livro? Na escala a seguir, avalie onde você acha que está em termos de mudanças positivas realizadas em sua vida:

0 1 2 3 4 5 6 7 8 9 10

Nenhuma mudança — Alguma mudança — Grande mudança

Escreva sobre quaisquer mudanças que você tenha notado:

Talvez você tenha notado que não fez nenhuma mudança — se for o caso, faça o possível para não se julgar! Se você não fez mudanças, por que acha que isso aconteceu? Algo atrapalhou o seu uso das habilidades? Você tem usado as habilidades e ainda não viu nenhuma mudança? Escreva sobre seus pensamentos:

Reserve um tempo para considerar o que você poderia fazer de diferente para ajudar-se a fazer mudanças. Por exemplo, você pode precisar trabalhar com este livro uma segunda vez, indo mais devagar, praticando as habilidades conforme avança. Às vezes, as pessoas leem livros como este muito rapidamente, sem se esforçar o suficiente na prática; como resultado, não absorvem o material totalmente para incorporar as habilidades em suas vidas. Passar por este guia muito rapidamente também pode fazer você se sentir sobrecarregado pelo número de habilidades apresentadas. Siga-o passo a passo. Mesmo que você precise passar alguns meses focando apenas em uma habilidade, tudo bem: faça o que for necessário para aprender o material e fazer mudanças úteis e saudáveis em sua vida.

Às vezes, as pessoas têm dificuldades de aprendizagem ou outros problemas — como transtorno de déficit de atenção (TDA) ou transtorno de déficit de atenção/hiperatividade (TDAH) — que tornam mais difícil aprender. Se este for o seu caso, peça a ajuda de alguém em quem confie para agir como um tutor, assim como faria com sua lição de casa. Talvez você precise trabalhar com este livro durante o verão, quando não tiver aulas, para que possa se concentrar mais no material e não se sentir sobrecarregado. O ponto principal é: faça o que for necessário para ajudar a si mesmo a aprender essas habilidades e torná-las parte de sua vida.

Faça algumas anotações sobre o que você precisa fazer para se ajudar nesse sentido. A seguir, forneço alguns exemplos para ajudá-lo a começar:

- Preciso começar pelo início do livro, pensar efetivamente sobre quais são minhas metas, anotá-las e, depois, me concentrar nas habilidades que mais me ajudarão em direção a elas.
- Posso postar lembretes para mim mesmo (como notas adesivas ou notas no meu celular), para não esquecer de usar as habilidades.
- Posso dizer aos meus pais a habilidade específica em que estou trabalhando e pedir que leiam o guia comigo, para que possamos falar sobre a habilidade e eles possam me ajudar a lembrar de praticá-la.

- ______________________________
- ______________________________
- ______________________________
- ______________________________
- ______________________________

MANTENDO UMA MENTE ABERTA

Outra coisa que pode atrapalhar as pessoas a fazerem esse tipo de mudança em suas vidas é elas bloquearem a possibilidade de mudança. Todos nós já tivemos esta experiência: você sabe que há algo que poderia fazer que lhe seria útil, mas simplesmente não se incomoda. Parece que isso exige muita energia ou pensamento. Você não tem tempo. Está muito cansado. Tem muitas outras coisas para fazer. Não é justo que você fique preso a esse problema, então deixa para lá; você vai simplesmente ignorá-lo e talvez ele desapareça por conta própria.

A questão é que o problema não vai desaparecer por conta própria. Você pode ignorá-lo o quanto quiser, e isso só vai fazê-lo piorar. Quando você fecha a possibilidade de fazer mudanças, está com falta de disposição (May, 1982). Em vez de tentar, você se fecha para as possibilidades, para a mudança, para seus amigos, sua família e o universo. Você está se desconectando. Falta de disposição se trata de desistir, de cruzar os braços e não tentar fazer nada para ajudar a si próprio.

O oposto de estar com falta de disposição é estar disposto. Estar disposto é abrir-se para as possibilidades, para a mudança. É descruzar os braços, dizer "Ok, vou tentar" e fazer o melhor que puder com o que tem. É dizer *sim* ao universo.

A Dra. Linehan (1993) usa a analogia de jogar cartas. Em um jogo de cartas, você tem que jogar com as cartas que recebeu. Estar com falta de disposição seria recusar-se a jogar com as suas cartas, dizendo "Esquece", "Eu desisto" ou "Tanto faz, não me importo". Falta de disposição também seria você tentar trapacear, seja roubando uma carta do baralho ou olhando a mão do seu oponente. Estar disposto, por outro lado, seria jogar com suas cartas, reconhecendo que talvez elas não sejam as melhores, mas que você vai fazer o seu melhor com as que recebeu.

O que fazer com a falta de disposição

Então, o que fazer quando estiver se sentindo com falta de disposição — quando perceber que está se fechando, recusando-se a tentar fazer algo para melhorar sua vida? Apenas reconheça isso. Aceite. Perceba que isso está acontecendo. Diga a si mesmo: *"Ah, espera aí... Acho que estou me sentindo com falta de disposição agora"*; então faça o seu melhor para voltar a sentir-se disposto. Pegue este guia e veja se consegue encontrar uma habilidade que possa ajudá-lo: fazer uma flexão para a frente, respirar de forma ritmada e abrir sua postura (descruzar os braços, relaxar os punhos e fazer o possível para soltar qualquer músculo tenso) são exemplos de habilidades que podem ajudá-lo a chegar a um estado mais disposto. Se você estiver em crise, pegue seu plano de crise e siga-o para passar por ela sem piorar a situação.

43 Sua experiência de falta de disposição e de estar disposto

Como mencionado anteriormente, você não pode mudar algo até reconhecer o que está acontecendo. Neste exercício, você começará a refletir sobre como pensa, sente e age quando se sente tanto com falta de disposição quanto disposto.

Maneiras de estar com falta de disposição

Pense em um momento em que você estava indisposto, ou volte a este exercício após ter experimentado a falta de disposição. Escreva sobre como foi essa experiência para você. Quais tipos de pensamentos você teve? (Lembre-se: pensamentos de falta de disposição são frequentemente alusivos a desistir, a não tentar.) Quais emoções surgiram para você? (Dica: serão emoções dolorosas, geralmente de raiva, frustração, amargura, entre outras.) Como você se comportou? (Exemplos de comportamento indisposto incluem gritar e xingar os outros; ameaçar se envolver em comportamentos suicidas; usar drogas, álcool ou outro meio de fuga; ou se machucar de alguma maneira.)

Maneiras de estar disposto

Pense em um momento em que você esteve disposto — quando as coisas estavam difíceis, mas você fez o melhor que pôde com o que tinha. Escreva sobre como foi essa experiência para você. Quais tipos de pensamentos você teve? (Provavelmente foram pensamentos encorajadores e de validação, como: *"É difícil, mas tenho que continuar tentando de qualquer maneira".*) Quais emoções surgiram para você? (Dica: a dor não necessariamente terá desaparecido, mas você também pode ter se sentido esperançoso ou orgulhoso de si mesmo por tentar, mesmo quando as coisas estavam difíceis.) Como você se comportou? (Estes seriam comportamentos saudáveis e úteis, como pedir ajuda a alguém ou usar as habilidades que você aprendeu para lidar com a situação.)

____

____

____

____

____

____

____

____

____

____

CONCLUSÃO

A disposição é um fator importante na sua capacidade de melhorar sua vida usando as habilidades que aprendeu (tanto neste livro quanto em outros lugares). Você pode ler o quanto quiser ou ir à terapia toda semana, mas até que se torne consciente de quando a falta de disposição tenha surgido em você, até que possa deixá-la de lado e até que redirecione sua mente para estar disposta, nada em sua vida mudará. Você provavelmente já ouviu o ditado: "Você pode levar um cavalo até a água, mas não pode fazê-lo beber". Você recebeu essas habilidades, mas ninguém pode fazê-lo praticá-las. Só você pode fazer isso. Então, o que acha? Você está disposto?

Respostas

Atividade 2

1. Atento; 2. Desatento; 3. Desatento; 4. Atento; 5. Desatento; 6. Atento

Atividade 9

1. Raiva — Kayla poderia dizer a Mary que quer que ela seja menos crítica com ela.
2. Ansiedade — Joshua poderia falar com Emily sobre sua preocupação a respeito de ela não ter mantido contato.
3. Tristeza — Nicole poderia conversar com Samantha para ver se podem resolver suas diferenças.
4. Culpa — Matt poderia admitir para sua mãe que pegou o celular dela e enfrentar as consequências.

Atividade 10

1. Pensamento; 2. Emoção; 3. Pensamento; 4. Comportamento; 5. Comportamento; 6. Pensamento; 7. Emoção; 8. Comportamento; 9. Emoção; 10. Comportamento; 11. Pensamento; 12. Emoção

Atividade 13

1. *Self* sábio; 2. *Self* racional; 3. *Self* emocional; 4. *Self* sábio; 5. *Self* racional; 6. *Self* emocional

Atividade 18

1. Julgamento; 2. Julgamento; 3. Julgamento; 4. Não julgamento; 5. Não julgamento; 6. Julgamento; 7. Não julgamento; 8. Não julgamento; 9. Julgamento; 10. Não julgamento

Leitura complementar

Recursos sobre depressão

Copeland, Mary Ellen e Stuart Copans. 2002. *Recovering from Depression: A Workbook for Teens*. Revised edition. Baltimore: Brooks Publishing.

Schab, Lisa. 2008. *Beyond the Blues: A Workbook to Help Teens Overcome Depression*. Oakland, CA: New Harbinger Publications.

Recursos sobre transtorno bipolar

Van Dijk, Sheri. 2009. *The Dialectical Behavior Therapy Skills Workbook for Bipolar Disorder: Using DBT to Regain Control of Your Emotions and Your Life*. Oakland, CA: New Harbinger Publications.

Van Dijk, Sheri, and Karma Guindon. 2010. *The Bipolar Workbook for Teens: DBT Skills to Help You Control Mood Swings*. Oakland, CA: New Harbinger Publications.

Recursos sobre ansiedade

Antony, Martin, and Richard Swinson. 2000. *The Shyness and Social Anxiety Workbook: Proven, Step-by-Step Techniques for Overcoming Your Fear*. Oakland, CA: New Harbinger Publications.

______. 2009. *When Perfect Isn't Good Enough: Strategies for Coping with Perfectionism*. Oakland, CA: New Harbinger Publications.

Burns, David D. 2007. *When Panic Attacks: The New, Drug-Free Anxiety Therapy That Can Change Your Life*. New York: Broadway Books.

Schab, Lisa. 2008. *The Anxiety Workbook for Teens: Activities to Help You Deal with Anxiety and Worry.* Oakland, CA: New Harbinger Publications.

Recursos sobre raiva

Lohmann, Raychelle. 2009. *The Anger Workbook for Teens: Activities to Help You Deal with Anger and Frustration.* Oakland, CA: New Harbinger Publications.

Recursos sobre autoestima e assertividade

Paterson, Randy J. 2000. *The Assertiveness Workbook: How to Express Your Ideas and Stand Up for Yourself at Work and in Relationships.* Oakland, CA: New Harbinger Publications.

Recursos sobre *mindfulness*

Brantley, Mary, and Tesilya Hanauer. 2008. *The Gift of Loving-Kindness: 100 Meditations on Compassion, Generosity, and Forgiveness.* Oakland, CA: New Harbinger Publications.

Germer, Christopher. 2009. *The Mindful Path to Self-Compassion: Freeing Yourself from Destructive Thoughts and Emotions.* New York: Guilford Press.

Johnson, Spencer. 1992. *The Precious Present.* Revised edition. New York: Doubleday.

Nhat Hanh, Thich. 1991. *Peace Is Every Step: The Path of Mindfulness in Everyday Life.* New York: Bantam Books.

Williams, Mark, John Teasdale, Zindel Segal, and Jon Kabat-Zinn. 2007. *The Mindful Way Through Depression: An 8-Week Program to Free Yourself from Depression and Emotional Distress.* New York: Guilford Press.

Recursos sobre tópicos variados

Brown, Brené. 2012. *Daring Greatly: How the Courage to Be Vulnerable Transforms the Way We Live, Love, Parent, and Lead.* New York: Gotham.

Shearin Karres, Erika. 2010. *Mean Chicks, Cliques, and Dirty Tricks: A Real Girl's Guide to Getting Though It All.* 2nd edition. Avon, MA: Adams Media.

Van Dijk, Sheri. 2015. *Relationship Skills 101 for Teens: Your Guide to Dealing with Daily Drama, Stress, and Difficult Emotions Using DBT.* Oakland, CA: New Harbinger Publications.

______. 2021. *The DBT Skills Workbook for Teen Self-Harm: Practical Tools to Help You Manage Emotions and Overcome Self-Harming Behaviors.* Oakland, CA: New Harbinger Publications.

Referências

Brantley, Mary, and Tesilya Hanauer. 2008. *The Gift of Loving-Kindness: 100 Meditations on Compassion, Generosity, and Forgiveness.* Oakland, CA: New Harbinger Publications.

Brown, Brené. 2012. *Daring Greatly: How the Courage to Be Vulnerable Transforms the Way We Live, Love, Parent, and Lead.* New York: Gotham Books.

Holt-Lunstad, Julianne, Timothy B. Smith, Mark Baker, Tyler Harris, and David Stephenson. 2015. "Loneliness and Social Isolation as Risk Factors for Mortality: A Meta-Analytic Review." *Perspectives on Psychological Science* 10 (2): 227–37.

Linehan, Marsha. 1993. *Cognitive-Behavioral Treatment of Borderline Personality Disorder.* New York: Guilford Press.

______. 2014. *DBT Skills Training Manual.* Second edition. New York: Guilford Press.

May, Gerald. 1982. *Will and Spirit.* New York: HarperCollins Publishers.

Van Dijk, Sheri. 2009. *The Dialectical Behavior Therapy Skills Workbook for Bipolar Disorder: Using DBT to Regain Control of Your Emotions and Your Life.* Oakland, CA: New Harbinger Publications.

______. 2012. *Calming the Emotional Storm: Using Dialectical Behavior Therapy Skills to Manage Your Emotions and Balance Your Life.* Oakland, CA: New Harbinger Publications.

______. 2021. The DBT Skills Workbook for Teen Self-Harm: *Practical Tools to Help You Manage Emotions and Overcome Self-Harming Behaviors.* Oakland, CA: New Harbinger Publications.